U0138383

ONE POT

單鍋料理

—— 優雅上菜！
全美第一主婦瑪莎史都華的

單鍋料理

「瑪莎史都華生活」編輯群／編著　曾淯菁／譯

the editors of Martha Stewart Living

國家圖書館出版品預行編目資料

優雅上菜！全美第一主婦瑪莎史都華的單鍋料理／「瑪莎史都華生活」
編輯群（the editors of Martha Stewart Living）；曾淯菁 譯；-- 初版 -- 臺北
市：如何，2016.04
　　256 面；17×21.3公分 --（Happy Family；62）
　　譯自：One Pot
　　ISBN 978-986-136-450-6（平裝）
　　1. 食譜
427.1　　　　　　　　　　　　　　　　　105001434

圓神出版事業機構　如何出版社
Eurasian Publishing Group　Solutions Publishing

www.booklife.com.tw　　　　　　reader@mail.eurasian.com.tw

Happy Family　062

優雅上菜！全美第一主婦瑪莎史都華的單鍋料理

作　　者／「瑪莎史都華生活」編輯群（the editors of Martha Stewart Living）
譯　　者／曾淯菁
發 行 人／簡志忠
出 版 者／如何出版社有限公司
地　　址／台北市南京東路四段50號6樓之1
電　　話／（02）2579-6600 · 2579-8800 · 2570-3939
傳　　真／（02）2579-0338 · 2577-3220 · 2570-3636
總 編 輯／陳秋月
主　　編／林欣儀
責任編輯／蔡緯蓉
校　　對／蔡緯蓉 · 張雅慧
美術編輯／林雅錚
行銷企畫／吳幸芳 · 涂姿宇
印務統籌／劉鳳剛 · 高榮祥
監　　印／高榮祥
排　　版／莊寶鈴
經 銷 商／叩應股份有限公司
郵撥帳號／18707239
法律顧問／圓神出版事業機構法律顧問　蕭雄淋律師
印　　刷／龍岡數位文化股份有限公司
2016年4月　初版

定價 400 元　　　　　ISBN 978-986-136-450-6

這本書獻給
一直為家人在尋找
簡單營養料理的你。

獻給臺灣讀者的序

瑪莎史都華

這個世界的步調變得越來越快,雖然我們之中許多人需要在極短時間內穿梭於家庭與工作的責任之間,但再忙,我們也絕不能就此妥協,還是要攝取重要的營養,當然也要享用美味的餐點。我知道在美國,大家都煩惱沒有足夠的時間好好坐下來吃一餐,我相信臺灣的讀者們也有相同的煩惱。因此,我很高興這本書能夠在臺灣出版,為大家分憂解勞。

在《瑪莎史都華生活雜誌》中,我們找到了一些超棒的方法來為大家解決家庭工作兩頭燒的困境一那就是單鍋料理。這本食譜書中收錄的餐點,能每天為你帶來美味、健康又簡單的料理。這種實際的料理方式,能夠讓烹調變得越來越簡單,收拾殘局也快多了。

書中的單鍋料理都經過精心設計,不僅結合多樣美味與多變口感,更利用了特別但容易取得的食材。善用六種不同鍋具,就能烹調出各具特色的料理。使用荷蘭鍋細火慢燉,能讓食材軟嫩可口;取出煎鍋大火快炒爆香,讓料理更豐富美味;想煨出好味道,長柄燉鍋是最好的選擇;烤盤不只能烤肉,加入其他食材就能輕鬆端出一道道完美融合的好菜(如蘆筍馬鈴薯烤羊肉);慢鍋則是輕鬆省事的好幫手,只要花少少時間備料再讓食材自行烹調就行了;曾流行過的壓力鍋重新回歸成為廚房新寵,加速烹調時間又能保留食材的原始風味,簡直就是魔法。(最新推出的壓力鍋不僅價格親民,使用方法也更安全。)

大家廚房裡可能已經有這些鍋具了,我希望這本書能夠幫助大家重新好好利用它們,為你自己、朋友和家人,每天創造出一道道料理佳作。

Martha Stewart

瑪莎史都華 （Martha Stewart）

出身波蘭移民工人家庭的瑪莎史都華，10歲起就曾替許多洋基球員擔任保母、協助策劃生日派對。15歲起擔任時尚模特兒，陸續出現在大眾媒體上。大學時期遇見就讀耶魯法學院的安德魯史都華，熱戀後於20歲結婚，從此嫁入豪門。

原以為麻雀變鳳凰的瑪莎，走入婚姻後才發現豪門的虛假外殼，夫家財務一團糟。於是她決心靠自己，每天開著燈只睡四小時，以便一醒就能馬上工作。瑪莎得自母親真傳的烹飪、縫紉、居家設計，是她最有興趣的工作。創業初期成功在勞夫羅倫服飾店裡設櫃販售小點心，並進一步展開外燴事業。

在丈夫主辦的新書發表晚宴上，瑪莎負責的外燴餐點讓皇冠出版集團總裁艾倫米肯讚賞不已，邀請瑪莎史都華出版食譜書《情趣生活》（*Entertaining*），詳實紀錄晚宴中所有佳餚作法。一出版立即引起轟動，創下銷售佳績。這本書成為瑪莎與出版界連結的契機，展開她本本作品暢銷不敗的紀錄。陸續出版的書籍內容從烹飪、居家設計、婚禮規劃到佳節擺飾等，分享美好居家生活的各種主題。

1990年創立的《瑪莎史都華生活雜誌》，不僅擁有創刊傲人的25萬本年發行量，閱讀族群大增後更有每期銷售2百萬本的驚人成績。隨著媒體曝光，瑪莎成為廣大家庭主婦心目中的「教主」。她致力傳達讀者「管理一個家，也是值得驕傲的事業，而你也辦得到」的想法，並推廣居家生活巧思和美感的培養，讓她身後跟隨了一群以「追求生活品質與美好生活」的粉絲。

從此，瑪莎成為知名的美國超級家居天后，成功打造自己的事業王國，號稱「全美第一主婦」。曾獲得無數殊榮，包括「全世界最美的100個人」、美國《商業周刊》全球25位最佳經理人、《時代雜誌》「全美25個最具影響力人物」等。

單鍋料理，一鍋到底

松露玫瑰（食譜書作者及譯者）

不是跟你推銷鍋具，也沒要問你買那麼多鍋子做什麼，無論你有幾個鍋，肯定少不了這一鍋——單鍋料理。

號稱「全美第一主婦」的瑪莎史都華，是美國人最信任的生活專家與大師。她提供了美國女性嚮往的上流社會生活擺設、飲食等範例，傳達讀者「管理一個家，也是值得驕傲的事業，而你也辦得到」的想法。美國人甚至以：「嗯，很好，非常瑪莎。」（Very Martha）來誇讚擅長持家的家庭煮婦。她觀察到現代人的生活節奏飛快，層出不窮的日常瑣事都可能把煮婦帶離廚房，因此速食店外賣、微波爐食品大舉入侵我們的廚房及生活。於是她編寫了《優雅上菜！全美第一主婦瑪莎史都華的單鍋料理》，拯救想要擁有優質的飲食生活、卻又穿梭於職場及家庭的「煮婦」。

單鍋料理，一鍋寶

《優雅上菜！全美第一主婦瑪莎史都華的單鍋料理》所收錄的食譜都是廣受歡迎的菜色，備料輕鬆、步驟簡單，成品美味又吸睛，肯定可以收服一家大小的胃。最重要的是，從頭到尾就僅要一只鍋。它讓做菜變得更簡單，收拾餐後的殘局也快多了。

如果你打電話給外賣餐廳訂餐、數十分鐘後派送員才會來按門鈴，或者拆開微波食品包裝後，還得研讀加熱方法，試想這些折騰，你前後要花掉多少時間？你吃到的又是什麼（是食物嗎）？

單鍋料理，一鍋飽

瑪莎史都華在書中為大家介紹六大鍋具的特性及適用菜色，無論蒸煮、拌炒、煎炸，餐餐都可搞定，當然還有美味甜點。

用荷蘭鍋做「墨西哥燉豬肉佐玉米餅」「酸漿燉雞」「啤酒燉香腸與馬鈴薯」等需要細火慢燉的菜色；煎鍋和炒鍋是萬用鍋具，除了快炒香煎菜色之外，還可以做各式焗飯和烘蛋，我想要試試瑪莎史都華的「香腸甘藍焗飯」；慢鍋最適合燜煮的菜色，「摩洛哥胡蘿蔔燉雞」「珍珠麥蒜頭燉雞」香噴噴出爐；烤盤的功能性強，並可分段烹煮，再加上烘烤的特性，成品香氣特別迷人。推薦你「南瓜烤牛肉」「烤馬頭魚佐馬鈴薯和酸豆」「墨西哥風千層麵」等流口水菜色；壓力鍋專攻費時菜色，可以縮短烹煮時間，各種燉湯燉肉都可輕鬆上菜；湯鍋和長柄燉鍋適合烹調醬汁與湯品，竟然還可以「爐烤蛤蜊」；書中還編寫了「零麻煩又美味」的甜點，只要一只鍋就可以做餅乾、蛋糕和慕斯。哈，還有冰淇淋喔！

這本書不僅讓下廚變得更優雅，你的眼睛也不再需要緊盯著所有的爐火，深怕一不留神就燒焦其中一鍋。同時也減少收拾殘局的麻煩，你將擁有更多閒暇時間。不僅要你下廚，還要優雅下廚，它是劃時代的烹飪趨勢，來吧，來做菜！

精采、多變、好用！
快來學瑪莎史都華的單鍋烹調秘訣！

加賀美智久 Tomo（名模主廚）

因為流行或聽說好用就買回來的鍋子，卻發現不知怎麼用，是不是一直放在廚房當裝飾品？這種狀況不是只發生在你身上，我自己有時也有這樣的困擾。這本《優雅上菜！全美第一主婦瑪莎史都華的單鍋料理》能幫大家解決這個問題！書中詳細介紹六種鍋具的食譜、烹調專業用語、烹調技巧。像是哪種鍋子需在冷鍋狀態下加油、哪種鍋子適合煮什麼樣的料理等。知道這些秘訣，就算在家裡也能煮出超級好吃的美式料理！

作者瑪莎史都華是生活風格大師，不只擅長廚藝、室內裝潢、手工藝等，還經營自己的公司並擁有自己的節目。她在日本也是非常知名的企業家。我相信多才多藝又如此忙碌的她所寫的這一本書，最了解生活繁忙現代人的需求！

宛如美食聯合國，一次享有多變化的美式料理！

我對書中介紹的各種美式料理充滿興趣。但真正的美式料理是什麼？大家的刻板印象可能是漢堡、炸物、牛排等。翻閱這本書後我才驚喜地發現，原來美式料理有這麼多變化！因為美國是融合多種民族的國家，料理也有多種變化。瑪莎史都華和我一樣，認為調味的方式也能改變料理。因此在書中有些食譜還提供三種不同調味方式。學一種能變化出更多不同味道，真是一石二鳥啊！

書中精彩又美味的照片讓我想到，最近日本流行把在家吃飯變成到舒適又可愛的餐廳用餐。學習書中的料理與擺盤，就能為平凡生活增添新鮮模式。當然，這些料理也超級適合邀請朋友來家中開派對。只要用一個鍋子烹調，煮完直接

上菜，讓鍋子成為主角現身餐桌，一餐變得澎湃又美味！

詳盡介紹鍋具特性，擺脫買了新鍋具卻不懂如何使用的窘境！

我曾聽過慢鍋，但其實不知道該如何正確使用。恰好本書介紹得很詳細，考慮到各項細節，說明它適合烹調哪種料理以及使用時要注意什麼。還在猶豫是否入手慢鍋的讀者，看過本書就可以毫不猶豫下單了！

之前買了烤盤，用時才發現太薄烤不出好效果。看過本書介紹就能挑到最合適的鍋具，端出烤雞、肉排等適合團聚節日的佳餚，用餐氣氛一定更開心！當然，還有一杯就營養滿點的美式湯品，能滿足減肥時的需求。同時也有多道非吃不可的經典甜點。喔～我光看照片就流口水了！

相信很多人想自己下廚，也準備了各式廚具，卻不知如何使用才能做出好吃料理？書店裡雖然有很多食譜，也不知道哪本才好用，適不適合自己的要求？正因如此，我推薦這本《優雅上菜！全美第一主婦瑪莎史都華的單鍋料理》！大家能從中學習烹調，也能不浪費家裡沒在用的鍋子、烤盤等廚具，更讓廚藝變精進！書中融合美式經典與變化，有著與亞洲人非常不同的想法！學習他國，能大大幫助廚藝與人生。翻開本書，跟著瑪莎史都華烹調美式溫馨料理吧！

最短時間內創造最美味佳餚，
只要一個鍋！

Colin（男人廚房1+1）

從小我就喜歡看料理相關的東西，總覺得有種魔力一直默默吸引著我。但因為非外宿的關係，一直停留在「觀看料理」階段。真正開始動手料理應該是2010年到加拿大遊學，當時動機也和大部分人一樣是為了省錢。這是我的料理起點，從那時起每天都會思考想吃什麼、想煮什麼。

回到台灣後，我也和大部分人一樣是平凡上班族，但料理卻已成為生活中很重要的一部分。因緣際會下開始分享食譜，創立「男人廚房1+1」。常遇到大家都有的問題：時間！每天下班都很晚了，怎麼還有時間做飯？

再忙碌也要親自下廚，利用單鍋料理輕鬆上菜！

所以，我開始思考如何能讓料理流程更加方便快速。俗話說「工欲善其事，必先利其器」，除了減少買菜的時間，就是我們要了解手上的工具，各種鍋具的特性是什麼、適合做什麼餐點。當有基本認知，不但能減少做菜步驟，甚至省下許多時間。

在所有準備工作後，還是要回到料理本身。我們需要的是一個簡單易懂的流程。有美國生活女王之稱的瑪莎史都華也了解到現代人工作忙碌，距離廚房越來越遠，透過《優雅上菜！全美第一主婦瑪莎史都華的單鍋料理》教大家了解各種鍋具的特性，如何搭配容易取得的食材，創造出不同料理。最重要的是，本書將教大家簡單利用「一個鍋子」，在最短時間內創造出最美味的佳餚，以及大家最愛的甜點！這本書一次揭露料理絕大部分的秘訣。我認為是對新手、想節省時間的人很有幫助的一本食譜書。你怎麼可以錯過呢？

大家都知道「生命就該浪費在美好的事物上」，而料理就是其中之一。料理能改變人與人之間的關係，一起享用美食讓關係更加緊密。所以，快找時間和朋友們一起翻開本書動手做料理、吃料理，再次體驗那美好的歡樂時光吧！

更多好評推薦……

忙／懶煮婦如我，單鍋料理始終是咱家餐桌主力，是我在緊湊工作之餘還能兼顧廚事的不二法門。此書無疑提供我更豐富多樣的揮灑靈感與素材，已經迫不及待想馬上一一嘗試了！──葉怡蘭（飲食旅遊作家・《Yilan美食生活玩家》網站創辦人）

相信很多讀者跟我一樣擁有不少鍋具，但爐台上始終就是那兩只鍋子在使用，其他卻束之高閣，其中不乏有因網路熱推而購買、或者出國旅遊扛回來的好鍋，但卻不知適用在什麼料理上，「單鍋料理」是本讓我們的鍋子適得其所的好書，甚至是我所推崇的「一鍋到底」卻又不失美味的分次入鍋料理做法，推薦給大家！──Winnie 范麗雯（《免換鍋！一鍋到底》作者、義大利料理研究家）

忙到沒時間開伙嗎？忙碌主婦最需要的「單鍋料理」，看瑪莎史都華一鍋搞定一餐！六種鍋具，有菜有肉、燉飯、熱湯；方便省時的懶人甜點也能一次學會！──多多開伙（76萬粉絲按讚的廚藝社群網站）

瑪莎史都華是我從小到大都崇拜的廚房女神也是啟蒙老師！身為瑪莎的忠實信仰者，她啟發了我很多廚藝上的創作靈感，並影響著我堅持追求生活品味的美感。這本食譜教你如何運用家中的鍋具，只要一鍋就能輕鬆快速搞定一餐，還有多種烹調方式的變化，食譜的做法簡單且快速美味，還有那一張張美麗的照片，絕對是廚房中必備的廚藝聖經。──謝凱婷（矽谷美味人妻）

Contents

導言 Introduction

我覺得我這本書出版的正是時候！現代人都很忙碌，有無盡的工作讓我們遠離廚房，而快速方便的微波爐似乎比火爐更能誘惑我們。這個時候，「單鍋料理」是最好的解決方案。有了這本食譜書，每天都可以做美味、健康又簡易的料理。讓作飯變得很簡單，要收拾飯後殘局也快多了！

我的單鍋菜餚，運用新鮮有趣又隨處可得的食材，聰明地創造出不同的味道與口感。本食譜使用了六種鍋具，每一種鍋具煮出的菜餚各有特色。「荷蘭鍋」適合慢煮，可作出軟嫩口感。煎鍋適合拌炒、慢鍋適合燉菜。而西式料理常用的金屬烤盤，不只可用來做烤肉，當加入其他食材時就能成為完美的單鍋料理，譬如書中就示範同時在烤盤上以羊肉搭配蘆筍與馬鈴薯。慢鍋讓我們可以只花幾分鐘準備食材，然後讓食材燉上幾小時。壓力鍋最近又再度成為廚房新寵，不但大幅減少烹調時間，同時還美妙地保留了美味、色澤與香氣。

你的廚房可能已具備了這六種鍋具。希望本書能助你「物盡其用」，每一天，為自己、家人和朋友，創造出個人的美味傑作！

Martha Stewart

PS. 當然，我沒有忘了甜點。抱著與餐點同樣「方便省時」的精神，我的甜點也不花什麼時間或精力。本書提供十種我個人最愛的簡易甜點，包括蛋糕、餅乾與鄉村風水果點心等。

荷蘭鍋
Dutch Oven

荷蘭鍋是單鍋料理的理想幫手，適用於需要長時間細火慢燉，使肉和蔬菜軟嫩可口的燉菜。這個沉重卻好看的鍋具，不但適用火爐，還可以整個放進烤箱，甚至直接端上餐桌。

基本常識

荷蘭鍋是附蓋子的沉重鑄鐵鍋，又叫**法式鍋**（French Oven）或**法式火鍋**（braiser），唯一差別是法式火鍋比較淺。不管你叫它什麼，這個鍋具在「慢燉」和「滷菜」時表現特別出色，你可以用它先將肉類兩面煎黃，然後再加入高湯燉煮。（燉和滷的差別在於，前者的肉通常切得比較小塊，加入的湯汁較多，後者的肉切得大塊些，湯汁比較少。）不論是燉或滷菜，通常使用口感比較硬的肉類部位，譬如豬肩肉或牛肩肉。要花幾個小時烹調，但不用顧著，只要耐心等待就可享用美食。

有些肉不需花太久的時間烹調就可以熟成，譬如雞肉和西式香腸，但正如前面提及的「先煎再燉」技巧，花點時間煎一下，可帶給佳餚令人食欲大開的金黃色和多層次的豐富味道，再加入高湯一起燉，還能使風味慢慢地融合在一起。

烹調技巧

● 煎的過程不要貪快。油要先熱過，如果有需要的話，可以分批煎肉。若鍋裡擠了太多肉，會產生蒸氣，讓肉不易煎黃。在煎到金黃色前別隨意翻動，要翻面時請用夾子，比較容易些。除非食譜有特別交待，否則必須將肉的「每一面」都煎黃。

● 如果煎肉時發現鍋底看起來很黑，把火關小一點；分批煎肉時，若發現鍋底有黏著燒焦的碎肉，必須用厚紙巾把它清掉，然後再重新加一點油。

● 在烹調時，注意湯汁只能「微滾」。通常荷蘭鍋是在火爐上使用，但也可以整個放入烤箱烹調，溫度設定在攝氏135~150度。即使食譜規定使用火爐，也可以依需求改用烤箱，以便多空出一個火爐或烤箱位置烹調其他食物。但切記要調整火的大小，使湯汁保持微滾。

● 事先計畫：慢燉和滷物，很適合在忙碌的週間食用或作為招待客人的佳餚，因為這些料理通常作好後再放個一到兩天更美味。

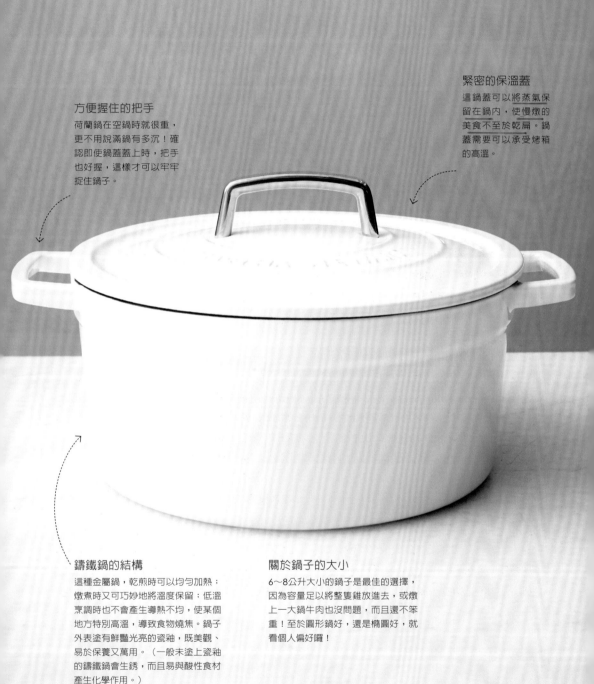

方便握住的把手
荷蘭鍋在空鍋時就很重，
更不用說滿鍋有多沉！確
認即使鍋蓋蓋上時，把手
也好握，這樣才可以牢牢
捉住鍋子。

緊密的保溫蓋
這鍋蓋可以將蒸氣保
留在鍋內，使慢燉的
美食不至於乾扁。鍋
蓋需要可以承受烤箱
的高溫。

鑄鐵鍋的結構
這種金屬鍋，乾煎時可以均勻加熱；
燉煮時又可巧妙地將溫度保留；低溫
烹調時也不會產生導熱不均，使某個
地方特別高溫，導致食物燒焦。鍋子
外表塗有鮮豔光亮的瓷釉，既美觀、
易於保養又萬用。（一般未塗上瓷釉
的鑄鐵鍋會生銹，而且易與酸性食材
產生化學作用。）

關於鍋子的大小
6～8公升大小的鍋子是最佳的選擇，
因為容量足以將整隻雞放進去，或燉
上一大鍋牛肉也沒問題，而且還不笨
重！至於圓形鍋好，還是橢圓好，就
看個人偏好囉！

西式燉牛肉麵

Beef Stew with Noodles

4人份 | 準備時間：20分鐘 | 總烹調時間：1小時

這道西式燉牛肉麵，有幾個聰明的小技巧：將肉切地比平常燉牛肉更小塊、減少烹調時間、麵條直接在鍋子裡煮，相當方便。

900公克牛肉（切成1.2公分塊狀）

粗鹽和現磨黑胡椒（適量）

15毫升植物油

1個中型洋蔥（切長條狀）

30公克中筋麵粉

1320毫升低鈉雞湯

720毫升水

225克胡蘿蔔（切成2.5公分大小）

2個中型馬鈴薯（削皮並切成2.5公分塊狀）

480公克雞蛋麵

45公克西洋香菜（切碎）

5毫升紅酒醋

牛肉用鹽巴和胡椒調味。將油倒入荷蘭鍋，以大火加熱。分批將肉放進鍋中，乾煎6分鐘至呈現焦黃色！加入洋蔥，再放入鹽和胡椒調味。拌炒5分鐘，直到洋蔥變軟，如有必要可把火調小一點。放入麵粉後再炒1～2分鐘左右。加入高湯和水，以木鏟將黏在鍋底的肉屑清一清，加熱到湯汁沸騰，然後調小火，再燉煮25分鐘，直到牛肉軟爛。

加入胡蘿蔔和馬鈴薯；花10分鐘將馬鈴薯煮軟。放入麵條，煮至全熟約8分鐘。以鹽和胡椒調味後，最後上桌前撒上西洋香菜和紅酒醋就完成囉！

聰明點子

對口味偏重的燉牛肉來說，加點醋可以化龍點睛。這個方法也能用在其他湯品和燉菜上。

美式鄉村風雞肉麵疙瘩
Chicken and Dumplings

6人份 | 準備時間：20分鐘 | 總烹調時間：45分鐘

想讓人們感到幸福嗎？那就在天冷時呈上這一碗綴著鬆軟可口香草麵疙瘩的美式鄉村風燉雞肉吧！（事實上，不只寒冷的季節，任何一天都可以來上一碗！）

燉雞肉

45公克無鹽奶油

1個小型洋蔥（切碎）

3條胡蘿蔔（切成1公分塊狀。此指西洋胡蘿蔔，台灣產胡蘿蔔較大條，1條即可）

2條芹菜（切細末）

10公克新鮮百里香

80公克中筋麵粉

570公克雞肉（去皮去骨，切成2公分大小塊狀）

220公克四季豆（去頭尾後，切成2.5公分條狀）

720毫升低鈉雞湯

粗鹽（適量）

現磨黑胡椒（適量）

麵疙瘩

240公克中筋麵粉　　　　78 g

5公克泡打粉　　　　　　1 g

5公克粗鹽　　　　　　　1 g

30公克固態無鹽奶油　　6 g

120毫升全脂牛奶　　　　24 ml

30公克切碎新鮮西洋香菜（另多準備一點可做裝飾用）

燉雞肉作法：用中型荷蘭鍋以中大火將奶油融化。加入洋蔥、胡蘿蔔、香菜、百里香，拌炒約4分鐘，直到洋蔥變成透明後，加入麵粉攪拌約1分鐘。慢慢倒入雞湯，繼續不斷攪動直到沸騰。把火關小，微滾5分鐘。最後加入四季豆，並以鹽和胡椒調味。

同時間製作麵疙瘩。將麵粉、泡打粉與鹽混合，加入西洋香菜。利用兩把刀或攪拌機使固態奶油形成粗粒狀態後加入麵糰，再一邊加入牛奶，一邊攪至麵糰逐漸成形。用湯匙一匙匙挖起麵糰放入沸騰的雞肉鍋中，煮至麵疙瘩熟成約需12分鐘。最後以切碎的西洋香菜點綴就完成囉！

墨西哥燉豬肉佐玉米餅

Carnitas Tacos

12人份 | 準備時間：15分鐘 | 總烹調時間：1小時15分鐘

這道墨西哥風味菜以平價的豬肩肉為主要材料，技巧是先以小火慢煮後煎黃。這種技巧可使肉既鮮嫩又帶有香脆口感，與墨西哥薄餅（tortillas）是絕佳的搭配。

900公克無骨豬肩肉（切成4公分塊狀）

粗鹽與現磨黑胡椒（適量）

12個玉米餅或墨西哥薄餅（烤熱或加熱備用）

1顆小型洋蔥（切碎）

120公克新鮮西洋香菜

酪梨醬（或把酪梨切小塊備用）

酸奶

白蘿蔔（切薄片）

萊姆切塊（或檸檬）

將豬肉放進中型荷蘭鍋，加水蓋過豬肉約1公分，以中大火煮至沸騰後，繼續用中大火烹煮45分鐘，直到水分都吸乾，中間要不時翻動肉。以鹽和黑胡椒調味後，持續烹煮。不斷拌炒12分鐘左右，直到肉表面煎成酥脆的金黃色。把燉豬肉移到餐盤上，搭配墨西哥薄餅、洋蔥、西洋香菜、酪梨泥或酪梨塊、酸奶，白蘿蔔和萊姆塊一起享用。

如何製作美味的酪梨醬呢？

兩個酪梨去皮去核搗成泥，加入切碎的辣椒、西洋香菜、新鮮萊姆汁，最後以適量鹽與黑胡椒調味。

關於番紅花

番紅花最大的汙名是,它是
世界上公認最昂貴的香料。
不過,其實只要一丁點,就
足以賦予佳餚無可比擬的香
氣和顏色!

西班牙雞肉燉飯

Arroz con Pollo

6人份 | 準備時間：25分鐘 | 總烹調時間：1小時

這是帶有西班牙風味的雞肉燉飯。這道菜在西班牙及中南美洲極受歡迎，有非常多不同版本的食譜。我的作法是以綠橄欖妝點，並在口味上結合白酒、洋蔥、蒜頭、月桂葉和番紅花的濃濃香氣。

120毫升不甜的白葡萄酒

少許番紅花

6根帶骨雞腿（每根大約重170公克）

粗鹽和現磨黑胡椒

30毫升特級初榨橄欖油

1顆大型洋蔥（切碎）

30公克蒜頭（切碎）

1顆大型番茄（切丁）

2片乾燥月桂葉

360公克短粒米（西班牙瓦倫西亞米尤佳）

720毫升低鈉雞湯（需要時可再多加）

240公克鑲辣椒的綠橄欖（將水瀝乾）

預熱烤箱到190度。在一個大碗中，加入白酒和番紅花。

以鹽和黑胡椒調味雞肉。使用大型荷蘭鍋或燉鍋，開中大火，加入雞肉，雞皮朝下煎6～7分鐘直到呈金黃色。翻面再煎2分鐘後，移到盤子上。

瀝出鍋裡的油至剩30毫升左右。加入蒜頭、洋蔥拌炒4分鐘，直到洋蔥變透明。再加入番茄，炒5分鐘到變軟。加入混合好的酒和番紅花、月桂葉、2.5公克鹽、1公克黑胡椒。煮5～8分鐘，直到酒幾乎完全蒸發。

放入米、高湯和橄欖。把雞腿嵌入米飯中，帶皮那面朝上，煮至沸騰後蓋上鍋蓋，然後整鍋移到烤箱中，烘烤約25～30分鐘，直到米飯收飽湯汁，雞肉全熟再拿出烤箱，放涼約10分鐘後便可享用。

希臘風燉豆
佐費塔起司與芝麻菜
Gigante Beans with Feta and Arugula

4人份 │ 準備時間：30分鐘 │ 總烹調時間：2小時35分鐘，外加把吉干特豆泡軟的時間

以希臘文「巨大」來命名這些大顆的吉干特豆（註1）實在再合適不過。吉干
特豆在番茄醬汁中燉煮後，會有令人難以抗拒的柔滑口感。如果找不到這
種豆子，以皇帝豆替代也可以。

215公克吉干特豆（或皇帝豆）

1顆大型洋蔥（切碎）

2顆蒜頭（切碎）

30公克番茄糊（註2）

800公克番茄塊（切碎並瀝乾）

1080毫升水

5毫升紅酒醋

粗鹽（適量）

1把芝麻菜

56公克費塔起司（切碎塊狀）

45公克新鮮切碎的蒔蘿

30毫升特級初榨橄欖油（可多備，上桌前提味用）

將乾燥的吉干特豆泡水浸軟，泡一整夜後瀝乾備用。

將油加入荷蘭鍋，以中大火熱油。加入洋蔥炒軟，約8～10分鐘。加入蒜頭與番茄糊，炒
香，約2～3分鐘。

加入豆子、番茄與水，煮到沸騰後改以小火燉煮，鍋蓋留一點縫隙。煮到豆子變軟，約2小
時，加入紅酒醋與5公克的鹽。最後拌入芝麻菜。

上桌前撒上切碎的費塔起司，淋上幾滴橄欖油後即可享用。

註1：吉干特豆（gigante beans），希臘常見的豆類之一。個體較一
般豆類要大，故以希臘文的巨大（γιγας/giant）命名。口感綿柔。

註2：番茄糊（tomato paste），是將熟番茄經數小時慢燉煮而成的
濃稠果泥，味道偏酸。多用於西餐料理。

一只鍋，四種風味
豬肉燉菜
Pork Stew

4人份 ｜ 準備時間：20分鐘 ｜ 總烹調時間：2小時

豬肩肉是最適合利用荷蘭鍋烹調的燉菜食材，而且這部位的肉也很便宜。
搭配當季蔬菜，就是全年都可以享用的美味燉菜了。

豬肉燉菜
Pork Stew with Root Vegetables

680克豬肩肉（切成2.5公分塊狀）

粗鹽和現磨黑胡椒

45毫升橄欖油

1大把韭蔥（只需切除深綠色部分，切成2.5公分條
狀，洗淨瀝乾備用）

3瓣大蒜（切成薄片狀）

3小枝百里香

30公克中筋麵粉

360毫升蘋果酒

600毫升低鈉雞湯

半顆芹菜根（去皮並切成2公分塊狀）

半顆蕪菁甘藍（去皮並切成2公分塊狀）

60公克新鮮切碎的西洋香菜

1顆中型歐洲防風草（歐洲蘿蔔，去皮並切成2.5
公分塊狀）

1. 豬肉以鹽和黑胡椒調味。用一個小型荷蘭鍋，以中大火熱30毫升的油，分批把豬肉放進
鍋中，每批煎烤約5～7分鐘，直到全部肉都煎黃後再移到盤子上。用15毫升的油炒香韭
蔥、蒜頭與百里香。拌炒3分鐘到韭蔥變成透明狀後，拌入麵粉再炒1分鐘。

2. 放入蘋果酒，加熱至沸騰後再多滾1分鐘。放入高湯、豬肉後改小火繼續加熱。鍋蓋不要
全蓋緊，留個縫，燉煮1小時15分鐘，直到豬肉變軟。

3. 加入歐洲防風草、芹菜根、蕪菁甘藍，沸騰後關小火，再煮約25～30分鐘讓蔬菜軟爛。

4. 最後拌入西洋香菜，以鹽和黑胡椒調味即可上桌。

豬肉燉馬鈴薯與迷迭香
Pork Stew with Potatoes and Rosemary

- 將左例步驟1的韭蔥換成1顆切絲洋蔥與220公克蘑菇。百里香換成迷迭香2小枝，以及現磨黑胡椒10公克，燉煮7分鐘。
- 將左例步驟2的蘋果酒換成不甜的紅酒，如卡本內蘇維翁紅葡萄酒（Cabernet Sauvignon），並把高湯減少到2杯。
- 將左例步驟3的歐洲防風草、芹菜根、蕪莖甘藍換成450公克馬鈴薯，去皮並切成2.5公分塊狀。

豬肉燉蘆筍與青豆
Pork Stew with Asparagus and Peas

- 省略左例步驟1的百里香。
- 將步驟2的蘋果酒換成不甜的白酒，例如蘇維翁白葡萄酒（Sauvignon Blanc），燉煮豬肉1小時35分鐘。
- 將左例步驟3的根莖蔬菜換成1把蘆筍並切成2.5公分條狀，加入240公克新鮮青豆（如果是冷凍青豆，請看下一個步驟），燉煮約5分鐘。
- 將步驟4的西洋香菜換成15公克新鮮切碎的龍嵩（tarragon）。如果用的是冷凍青豆，就不必煮5分鐘，起鍋前和龍嵩同時加進鍋裡即可。

豬肉燉茴香與橄欖
Pork Stew with Fennel and Olives

- 步驟1的韭蔥與百里香，換成切絲洋蔥1顆、茴香5公克與月桂葉1片。
- 將步驟2的蘋果酒換成不甜的白酒，如蘇維翁白葡萄酒，將高湯換成約680公克番茄罐頭，去皮且保留番茄泥和番茄汁。
- 將左例步驟3的蔬菜換成茴香2球，切為2.5公分大小，及已去籽的希臘卡拉馬塔橄欖（kalamata olives）240公克。

豬肉燉菜
P32

豬肉燉
馬鈴薯與迷迭香
P33

豬肉燉
蘆筍與青豆
P33

豬肉燉
茴香與橄欖
P33

法式茴香燉雞肉
佐朝鮮薊

Chicken Fricassee with Fennel and Artichoke

4～6人份　|　準備時間：30分鐘　|　總烹調時間：55分鐘

這原是一道經典的法國燉菜，我將它重新詮譯，加入茴香和朝鮮薊。使這道雞肉燉菜保留簡單的作法，成果既驚豔又優雅。

1隻全雞（約1.8公斤，切成10塊）

粗鹽與現磨黑胡椒（適量）

15毫升特級初榨橄欖油

1球茴香（保留葉子，切0.6公分塊狀）

1小顆紅洋蔥（切成1公分塊狀）

1罐水漬朝鮮薊罐頭（420克，瀝乾備用）

240毫升低鈉雞湯

5毫升紅酒醋

15公克新鮮切碎的西洋香菜

預熱烤箱到220度。雞肉以15公克的鹽和7.5公克現磨黑胡椒調味。用一個大型荷蘭鍋以大火熱油，但請勿讓油熱到冒煙。將雞肉分批入鍋乾煎約8～10分鐘直到煎黃。把煎好的雞肉放在盤子裡。僅留約15毫升的油在鍋裡，再調到中大火，加入茴香、朝鮮薊與洋蔥，拌炒約2～3分鐘。

將雞肉放回鍋中，加入高湯燜煮18～20分鐘直到雞肉全熟。將雞肉和蔬菜取出放到大盤子上，以大火將高湯濃縮至約80毫升後，加入紅酒醋。最後把醬汁淋在雞肉上，上桌前撒上預留的茴香葉和西洋香菜。

酸漿燉雞
Chicken-Tomatillo Stew

4~6人份 | 準備時間：25分鐘 | 總烹調時間：55分鐘

想吃墨西哥菜時，請試試這道組合俗稱綠番茄的黏果酸漿（註）、玉米糝和西洋香菜的燉雞。黏果酸漿是一種形狀類似「番茄」的墨西哥蔬菜，事實上也是番茄的遠親，只不過皮是綠色的，成熟時會帶點紫色，味道偏酸。

900公克黏果酸漿（去皮、切半備用）

15毫升植物油

1隻全雞（約1.5～1.8公斤，切成10塊，雞翅留著以後可用）

2條墨西哥辣椒（切碎，如有需要可以把籽去掉）

半顆中型洋蔥（切絲）

3瓣蒜頭（切碎）

粗鹽與現磨黑胡椒

400公克玉米糝（用水沖過後瀝乾備用）

60公克新鮮切碎的西洋香菜

利用食物處理器或攪拌機，將黏果酸漿打成泥狀。選用大型荷蘭鍋，以中大火熱油。雞肉以少許黑胡椒和鹽調味後，分批放進鍋中，帶皮部分朝下，乾煎約6分鐘至一面煎黃後，再移到盤子上。

加入墨西哥辣椒和洋蔥不斷拌炒約3～5分鐘，直到稍微變軟後再加入蒜頭爆香約1分鐘。拌入酸漿泥與玉米糝，以鹽和黑胡椒調味。把雞肉嵌入醬汁裡，帶皮部分朝上，蓋上鍋蓋燉煮22～25分鐘，直到雞肉熟透。最後撒上西洋香菜、鹽巴和黑胡椒調味即可起鍋。

關於玉米糝（hominy）

玉米糝就是乾燥再磨碎的玉米粒，是墨西哥國民燉菜美食波索雷（請參考本書196頁波索雷豬肉玉米粥）中，代表性的食材。玉米糝通常加入燉菜一起食用或煮粥，你可以在進口超市中找到這種食材。

註：黏果酸漿（tomatillos），又稱墨西哥酸漿，是有紙質外皮的番茄狀綠色蔬菜，常用於製作綠色莎莎醬。

羊肉燉杏桃
Lamb and Apricot Stew

4～6人份 | 準備時間：30分鐘 | 總烹調時間：1小時55分鐘

這道菜改良自摩洛哥的塔吉鍋燉菜。傳統上這種燉菜使用名為「塔吉鍋」的陶鍋所作。不過，荷蘭鍋在這道料理的製作過程中也很稱職。配菜可選擇中東小米或中東薄餅。

15毫升橄欖油
680公克無骨羊肉
粗鹽與現磨黑胡椒（適量）
1顆大型洋蔥（切半切絲）
4瓣大蒜
1罐番茄罐頭（約400公克切丁）

5公分薑（去皮並切成像火柴的條狀）
1公克肉桂粉
480毫升水
60公克乾燥杏桃
烤過的杏仁脆片（適量備用）

預熱烤箱到180度。取用一個大型荷蘭鍋，以中大火熱油。利用鹽和黑胡椒調味羊肉後，分批放到鍋中乾煎約9分鐘至呈金黃色，再放到盤子上。

將洋蔥和大蒜放入鍋中拌炒5分鐘，直到洋蔥變軟。把羊肉放回鍋中，倒入番茄罐頭與裡頭的醬汁、薑絲、肉桂及水，並以鹽和黑胡椒調味。蓋上鍋蓋，放到烤箱裡烘烤45分鐘。取出與乾燥的杏桃混合均勻，再蓋上鍋蓋繼續烹煮約45分鐘（或視情況延長時間），直到羊肉呈現軟爛狀態。上桌前撒上預備的烤杏仁脆片。

歐洲防風草燉雞
Braised Chicken and Parsnips

4人份 | 準備時間：20分鐘 | 總烹調時間：1小時15分鐘

以微酸的蘋果醋、歐洲防風草（歐洲蘿蔔）和鼠尾草組合而成的燉雞，是一道每到秋冬時節就想品嚐的好味道。這道菜搭配糙米和麵包都很合適，因為可以沾著湯汁一起吃。

8塊帶骨去皮雞腿肉（約900公克）

粗鹽和現磨黑胡椒

30毫升植物油

2條韭蔥（切除深綠色部分，切碎洗淨）

120毫升蘋果醋

450公克歐洲防風草（去皮切成2.5公分塊狀）

10片鼠尾草葉

300毫升低鈉雞湯

預熱烤箱到180度。雞肉以鹽和黑胡椒調味。取用一個中型荷蘭鍋，以中大火熱油。分批將雞腿肉放入鍋中，腿肉較厚的部分朝下，腿骨多的部分朝上，乾煎約8～10分鐘把雞肉煎至金黃色，把煎好的肉放在盤子上。

調到中火。加入韭蔥拌炒約4分鐘，直到炒軟。加入紅酒醋，用木杓刮除黏在鍋底的肉屑，加入歐洲防風草、鼠尾草、高湯和雞肉（與乾煎逼出的肉汁），燉煮至沸騰。

蓋上鍋蓋，放進烤箱裡烘烤50分鐘，直到歐洲防風草軟爛，雞肉全熟。

關於洗淨韭蔥

韭蔥有好幾層，裡頭可能藏很多土。所以可先切好再洗，把韭蔥切成圓片狀，放入煮沸過的開水中靜置幾分鐘後，再攪動把土清出來，最後撈出韭蔥瀝乾。如果水髒了，請再換一碗水，重複此流程直到水潔淨為止。

焗烤雞肉、臘腸和白腰豆

Sausage, Chicken, and White-Bean Gratin

10人份 | 準備時間：40分鐘 | 總烹調時間：1小時10分鐘

這道菜改良自有名的法國鄉村菜「卡蘇雷」（註）。屬於療癒系美食，這份食譜把傳統法國南部的鴨肉或鵝肉，換成雞胸肉。這種大鍋菜最適合人多的派對享用。

2塊去骨去皮的雞胸肉（約450公克，切成2.5公分塊狀）

360公克新鮮麵包碎塊（沙拉和濃湯使用的一種）

180公克帕馬森乾酪

45公克新鮮切碎的西洋香菜

20公克新鮮切碎的百里香

10公克新鮮切碎的迷迭香

5公克新鮮切碎的鼠尾草

2罐白腰豆罐頭（約800公克，用水沖過後瀝乾）

680公克義大利甜臘腸（去皮切成1公分厚度）

110公克培根（約4片）

粗鹽與現磨黑胡椒（適量）

1顆中型洋蔥（切絲）

120毫升不甜的白酒

1罐切丁的番茄罐頭（約400公克）

240毫升低鈉雞湯

4瓣大蒜

預熱烤箱到180度。將麵包碎塊、起司、15公克西洋香菜和百里香、5公克迷迭香與2.5公克鼠尾草混合在一起，並以鹽和黑胡椒調味。取用一個荷蘭鍋以中火將培根煎到酥脆，約花5～7分鐘煎好後，放在廚房紙巾上吸油。

把雞肉放入荷蘭鍋中，乾煎6分鐘至呈金黃色，取出放在盤中。再放入臘腸稍微翻炒約5分鐘，直到香腸有點煎黃後移到盤子裡。把鍋裡的殘油瀝到只剩30毫升，加入大蒜和洋蔥拌炒3分鐘，直到洋蔥變軟。加入酒，並以木杓將黏在鍋底的肉屑清掉，再燉煮2分鐘，至湯汁幾乎收乾。拌入雞肉、香腸、白腰豆、番茄和高湯，以及剛剛剩餘的30公克西洋香菜、5公克迷迭香、百里香，還有2.5公克的鼠尾草，以鹽和黑胡椒調味，最後撒上麵包碎塊。

蓋上鍋蓋放入烤箱，約烤20分鐘，直到鍋內食材沸騰。把鍋蓋打開再烤10分鐘，使表面成金黃色，再把剛剛煎好的脆培根放在上面，待微涼後即可上桌享用。

註：卡蘇雷（Cassoulet）法國南部的一種燉菜，通常以肉類和白扁豆燜肉。

關於辣椒粉

這裡所提的辣椒粉，並不是指乾燥磨碎的「墨西哥辣椒」，而是綜合調味料，內含多種香料包括乾燥辣椒、小茴香、大蒜粉等等。切勿將兩者混淆。這也是為何每種辣椒調味粉吃起來口味都不大相同的原因。若你常烹調辣味料理，可以換個牌子，看看哪種效果你最喜歡。

德州紅椒燉牛肉
Texas Red Chili

6～8人份 ｜ 準備時間：40分鐘 ｜ 總烹調時間：3小時45分鐘

在有「孤星之州（註）」之稱的德州，大家都很關心紅椒醬的美味與否，而究竟怎麼做最好吃更是家家爭辯不休的熱門話題。不過，有件事倒是眾人意見都一致，那就是一碗令人舒心的德州紅椒菜，一定要選用牛肉才好吃，而且最重要的是，絕對不能加入豆子。

900公克處理好的牛肉塊（切成2.5公分塊狀）

45毫升紅花油或芥花油（如有需要可再增量）

2顆中型洋蔥（切成大塊狀，多備些在食用前添加）

2條墨西哥辣椒（如有需要可去籽，切碎）

120公克辣椒粉

1罐去皮小番茄罐頭（保留番茄泥及番茄汁）

960毫升水

10～15毫升白醋

切達起司少許

7瓣大蒜（切碎）

粗鹽與現磨黑胡椒（適量）

牛肉以12.5公克的鹽和2.5公克的黑胡椒調味。用中型荷蘭鍋以中大火熱油2分鐘後，分批將牛肉放入鍋中乾煎，每批肉約煎10分鐘，再把煎好的肉移到盤中。如有需要，可以多加一點油。

把剩下的油加入鍋子裡，放進洋蔥、大蒜、辣椒，拌炒5分鐘直到洋蔥變透明。如果鍋底變很黑，可以加些水並以木杓把鍋底碎屑清掉。加入辣椒粉，不斷攪拌，爆香約30秒。拌入牛肉、番茄泥、水與2.5公克的鹽。以大火煮滾後再調到小火，鍋蓋留個空隙，烹煮2.5～3小時，將食材煮到軟爛。如果鍋裡看起來很乾，可以再多加點水。以鹽和醋調味。撒上切達起司和洋蔥，便可立即上桌享用。

註：為德州的暱稱，由只有一顆星的州旗命名，也稱作「孤星旗（Lone Star Flag）」

西班牙燉雞
Spanish-Style Chicken

4～6人份　|　準備時間：30分鐘　|　總烹調時間：1小時

想吃正宗的西班牙燉雞，那就撒上帶有煙燻甜味的西班牙紅椒粉吧！搭配西班牙小紅椒（註）、西班牙雪利醋及綠橄欖，享受多層次的豐富口感。

1隻全雞（1.5～2公斤，切成10塊）

2.5公克辣椒粉

15毫升特級初榨橄欖油（依需求可多加一點）

6瓣大蒜（切碎）

15公克番茄糊

粗鹽

80毫升雪莉醋

480毫升低鈉雞湯

6條醃過的西班牙小紅椒（切成條狀）

120公克綠橄欖（去籽）

30公克新鮮切碎的西洋香菜（擺盤點綴用）

預熱烤箱到200度。雞肉以辣椒粉和鹽調味。取一個荷蘭鍋以中大火熱油。分批將雞肉放入鍋中，每面煎2分鐘直到呈金黃色，如有需要可以再多加點油。煎好後移到盤子上。

把火關小，加入大蒜與番茄糊。用木杓把鍋底肉屑刮掉後，再把雞肉加回去。調到大火，加入醋煮到沸騰，過程中不忘攪動，直到鍋中的湯汁變成晶亮濃稠狀。

倒入雞湯，大火煮到沸騰。加入醃紅椒和橄欖，把整鍋放進烤箱，烤20～25分鐘，直到雞肉煮熟，鍋中的湯汁剩一半。最後在上桌前以西洋香菜點綴。

註：西班牙小紅椒（piquillo peppers），種植於西班牙北部，不辣且帶甜味。是西班牙料理常見食材之一，常以橄欖油醃漬。

玉米培根牛奶燉雞
Chicken with Creamy Corn and Bacon

4人份 ｜ 準備時間：30分鐘 ｜ 總烹調時間：1小時15分鐘

讓味蕾享受這多層次的口感與豐富味道！雞肉、庫斯庫斯（註）、培根和玉米，在牛奶中燉煮出絲滑的口感。撒上芝麻菜增添動人色彩與爽脆度！

4 隻帶骨雞腿

粗鹽和現磨黑胡椒（適量）

30毫升特級初榨橄欖油（多備些上桌前使用）

168公克厚切培根（約3片，切成1公分條狀）

1顆中型洋蔥（切碎）

1球大蒜（將蒜瓣剝開但不去皮）

60公克庫斯庫斯（或珍珠麵）

600毫升全脂牛奶

3枝百里香和10公克百里香葉備用

240公克冷凍玉米（解凍）

56克嫩芝麻菜

新鮮檸檬汁少許（備用）

在生雞肉上撒上鹽和黑胡椒。用一個大型荷蘭鍋以中大火熱油，約花7分鐘分批將雞肉煎至呈金黃色。把煎好的雞肉移至盤上。倒掉鍋裡的餘油。將培根放入鍋中，煎7分鐘到酥脆。僅留約15毫升的油在鍋裡。加入洋蔥、大蒜、庫斯庫斯，煮5分鐘到庫斯庫斯變成金黃色。

倒入牛奶與百里香枝，煮到沸騰。加入雞肉，帶皮部分朝上。關小火，蓋上鍋蓋燜煮30分鐘。拌入玉米與百里香葉後，再蓋上鍋蓋繼續燉煮15～20分鐘，直到湯汁收乾。將庫斯庫斯分成4份放在盤子上，加上雞肉和芝麻菜，以鹽和黑胡椒調味，最後上桌前再淋上檸檬汁與橄欖油就可以了！

註：庫斯庫斯（COUSCOUS），一種以色列麵食，外型看似小米，但其實是一種粗麥麵。

美國紐奧良燉菜
Cajun Stew

6人份 ｜ 準備時間：20分鐘 ｜ 總烹調時間：50分鐘

這道紐奧良燉菜包含所有「卡尊料理（註1）」的招牌食材，譬如煙燻豬肉香腸（註2），還有蝦子、紅椒粉與「奶油白醬」。此外還有廚房三寶：洋蔥、芹菜和青椒。你可以將燉菜搭配白飯或外脆內軟的麵包一起享用。

30毫升植物油

30公克中筋麵粉

1顆紅洋蔥（切碎）

2瓣蒜頭（切碎）

2根芹菜（切段）

1顆紅椒或青椒（切成小塊狀）

1公克紅椒粉

粗鹽（適量）

1罐番茄丁罐頭（約400公克）

360毫升水

110公克煙燻豬肉香腸（切成1公分厚片）

480公克新鮮秋葵（冷凍的要先解凍）

225公克大蝦（去殼去腸）

取一個中型荷蘭鍋或燉鍋，以中火熱鍋，加入油與麵粉一起拌炒5～7分鐘，不斷攪拌直到材料呈金黃色。加入洋蔥、大蒜、芹菜與青椒。拌炒約7分鐘，一起煮到外脆內軟，再加入紅椒粉與2.5公克的鹽。

拌入番茄罐頭與湯汁、水和香腸。煮到沸騰後轉小火。鍋蓋留個縫，燉煮25分鐘，直到湯汁變得有點濃稠。加入秋葵燜3分鐘，加入大蝦燜煮約3～4分鐘，煮到蝦肉變成不透明狀，再以鹽調味。

關於秋葵

以植物學觀點來看，秋葵和棉花都屬於錦葵科植物。在烹煮時，會釋放出黏黏的液體，讓燉菜更為濃稠。秋葵一般是夏天的食材，不過在天氣暖和的南方全年都出產。在這個食譜中，使用冷凍秋葵也有很好的效果！

註1：美國紐奧良最著名的烤雞醃漬香料即為卡尊（Cajun），是當地特有香料，混合了匈牙利紅椒、大蒜粉、洋蔥粉、黑胡椒、小茴香粉、法式辣椒粉、奧勒岡與百里香。

註2：音譯為安杜耶香腸（andouille sausage），由法國移民帶入美國南方路易斯安那州，此種香腸以豬肉、豬肚和豬小腸製成，並透過兩次煙燻才完成。

啤酒燉香腸與馬鈴薯

Beer-Braised Sausages with Potatoes

4人份 | 準備時間：35分鐘 | 總烹調時間：1小時15分鐘

如果你從來沒有用「啤酒」入菜過，一定會對啤酒最後濃縮的美味醬汁感到驚豔。這個由慕尼黑啤酒節啓發的食譜，我用火雞肉香腸來詮釋，也可以改用豬肉香腸。

30毫升特級初榨橄欖油

680公克豬肉香腸

1顆中型洋蔥（切絲）

340公克淡啤酒

680公克小型紅馬鈴薯（洗淨對半切）

480毫升水

粗鹽與現磨胡椒（適量）

15毫升紅酒醋

30公克新鮮切碎的西洋香菜

取一個大型荷蘭鍋，以中大火熱15毫升的油。加入香腸，乾煎8分鐘直到全部呈金黃色。加入洋蔥拌炒7分鐘，直到變軟。倒入啤酒、馬鈴薯及水，並以鹽和黑胡椒調味，把馬鈴薯浸到湯汁中。煮到沸騰後蓋上鍋蓋，轉中火，再燜煮20分鐘到馬鈴薯變鬆軟。

把香腸移到盤子上並注意保溫。在一個大碗中，拌入剩下的油、醋與西洋香菜。用撈杓將馬鈴薯撈出放入大碗，均勻拌上醬汁。

轉大火，將鍋裡的湯汁繼續煮12分鐘，直到湯汁濃縮到約剩240毫升的量。把馬鈴薯和香腸放在一個盤子上，然後淋上一半醬汁，另一半醬汁則放在盤側，以便沾食。

義式胡蘿蔔南瓜燉飯
Baked Risotto with Carrots and Squash

4人份 ｜ 準備時間：20分鐘 ｜ 總烹調時間：50分鐘

常用來作義大利燉飯的艾保利奧米（註），以紅色扁豆和秋季蔬菜點綴，就變成一道色彩豐富的燉菜主餐。若吃不完，還能搖身一變成為隔天中午的完美午餐！

30毫升植物油

1顆小型洋蔥（切碎）

4瓣大蒜（切碎）

30公克新鮮切碎的薑

5公克小茴香粉

粗鹽（適量）

3個中型胡蘿蔔約480公克（斜切成2公分塊狀）

240公克艾保利奧米

120公克紅扁豆（挑掉雜質與問題豆後洗淨）

600毫升水

半顆小型南瓜（去皮去籽切成2.5公分塊狀）

萊姆（適量切塊）

1枝西洋香菜（備用）

預熱烤箱到210度，用一個中型荷蘭鍋以中大火熱油。加入洋蔥、大蒜、薑、小茴香、和7.5公克的鹽拌炒3分鐘，直到洋蔥炒到透明。加入胡蘿蔔、艾保利奧米和扁豆，邊煮邊攪約1分鐘。加入水煮到沸騰，再加入小南瓜，再次沸騰後，將整個鍋子移到烤箱中，烘烤20分鐘，直到湯汁收乾、米煮熟。取出烤箱後，鍋蓋保持緊閉乾燜10分鐘再享用。上桌前擠一點萊姆汁淋到飯上，撒上西洋香菜就可上桌囉！

關於高湯

試試雞湯吧！這道菜設定為蔬食料理，所以我用水來取代雞湯，你當然也可用雞湯來作，這會使燉飯的滋味更濃郁！

註：艾保利奧米（Arborio rice）是義式燉飯中最常使用的米之一。原產地是義大利。這種米富含高澱粉質、吸水力強，煮熟後會成橢圓形，口感香滑、軟綿綿，營養價值和普通白米無太大差異。

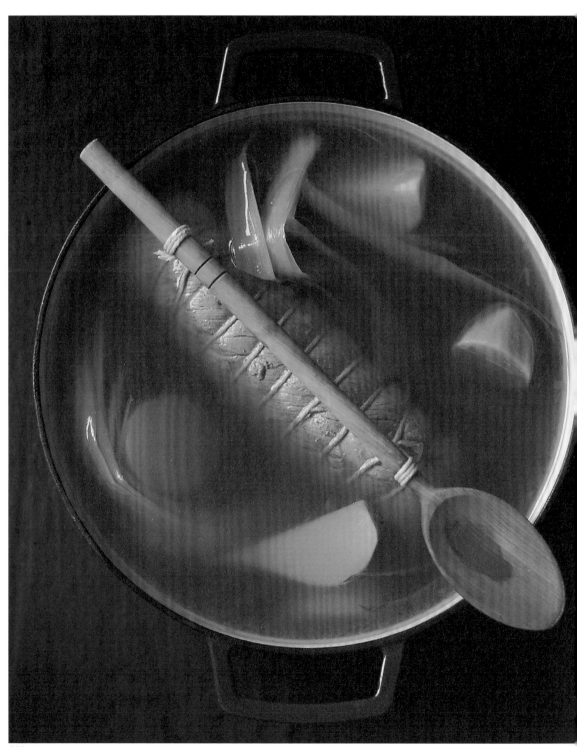

水煮牛腰肉
Beef on a String

6～8人份 ｜ 準備時間：50分鐘 ｜ 總烹調時間：2小時

這道菜改良自法式料理「線裹牛肉（boeuf à la ficelle）」。不分國家、種族或語言，這道水煮牛腰肉，都是最佳的晚餐派對佳餚。將煮好的湯汁淋在牛肉、蕪菁、黃肉蕪菁和馬鈴薯上，美味致極！

1條牛腰肉（約900公克，去肥肉用棉線捆好）

30毫升特級初榨橄欖油

3顆洋蔥（切小塊）

240毫升不甜的白酒

2條韭蔥（去枯葉對半切後洗淨）

1顆蕪菁（削皮切成2.5公分塊狀）

半個黃肉蕪菁（削皮切成2公分塊狀）

2400毫升水

4顆小型馬鈴薯（削皮從中對切，然後再十字切塊）

粗鹽和現磨黑胡椒（適量）

60公克超市現成的山葵甜菜醬（註）

以食物專用的棉線，將牛腰肉捆起來，固定在一根長柄木湯匙上。留意！要架在荷蘭鍋上而不要接觸到鍋底。捆好後暫放一旁。

在荷蘭鍋中以中大火熱油。加入洋蔥拌炒約20分鐘，直到炒成金黃色。若變得太乾，可以加幾湯匙的水。再加入酒一起煮，不斷攪拌約4分鐘，直到湯汁幾乎收乾。加入韭蔥、蕪菁、黃肉蕪菁和水。煮到沸騰後轉微火，再煮30分鐘。把蕪菁移到盤子上。繼續煮約10分鐘，直到黃肉蕪菁軟爛，再移到盤子上。

把牛肉放進鍋子裡，如前述固定在木湯匙上，架在荷蘭鍋中。如有需要，加入熱水，使湯汁幾乎蓋過牛肉。加入馬鈴薯，煮到沸騰後調整火的大小，直到鍋中湯汁溫度保持在攝氏88度後，燜煮30分鐘。把馬鈴薯移到盤子上，利用食物溫度計插入牛肉深處，確認溫度是否在48度左右後取出。因為水煮後外圍的熱會繼續傳導到肉中心，用錫箔紙蓋住取出的牛肉，靜置約5分鐘。繼續熱鍋中的湯汁。剪掉裹住牛肉的線後切片。過濾湯汁，取出煮好的蔬菜，把牛肉、蔬菜與湯汁分別盛盤，以鹽和黑胡椒調味，最後淋上山葵甜菜醬食用。

註：山葵甜菜醬（horseradish and beets）主要是利用甜菜根、山葵、蘋果醋、鹽巴與糖製成的常見沾醬。能夠為佳餚帶來鮮豔又刺激食欲的色彩。

煎鍋與炒鍋
Skillet & Sauté Pan

煎鍋和炒鍋真是萬用呢！不管是煎、炒、大火爆香，甚至是慢烤或焗烤，靠這兩種鍋就能作出多樣化的菜餚。

基本知識

煎鍋（skillet）和炒鍋（Sauté pan），通常是被當作同樣的東西。事實上，雖然它們形狀有所不同，但在功能上幾乎相仿。看我的食譜就知道，你可以用它們作出非常多樣的菜餚。不過，若以傳統的烹調技巧來看，兩種鍋具，在熱油中拌炒和烹調時，表現都非常出色。英文的炒（saute）字源自法文的跳（sauter），取自於快炒搖動鍋子時，食物會在鍋中「跳動」之意。炒菜時鍋底會留下焦化的咖啡色食物渣。加入如高湯的液體把鍋底刮乾淨，這流程又稱之為「加熱萃取（deglaze）」，能為湯汁增加豐富的味道。

鑄鐵煎鍋是自成一格的鍋具。導熱徹底且均勻，又能完美保溫，對於煎豬排等肉類來說，是最完美的選擇。不過，鑄鐵煎鍋也有個小缺點，就是容易與酸性食材產生化學反應，譬如番茄和酒類，使料理吃起來帶有金屬味。鑄鐵煎鍋若沒有經過「防鏽處理」就容易生鏽。不過幸好越常使用的鍋子已有油脂在加熱後形成一層保護膜，能防止生鏽。

烹調技巧

- 加入食材前務必確定油已熱，冷油狀態容易讓食材吸油。此外，在鍋中放太多料會產生蒸氣，而失去炒的效果。有必要的話，食材請分批下鍋。

- 適合炒鍋的肉通常是比較嫩的部位，大小厚度要平均。食材須先解凍到室溫。

- 不沾鍋使用小提醒：不沾鍋的保護膜對於製作一些菜餚來說，如厚厚的蛋包，極為方便，尤其在清洗時更是省力。不過也不容易讓食物煎到呈金黃色，鍋底也不會留下增加風味的焦香，更有許多不沾鍋不能直接放進烤箱，所以不如鑄鐵鍋來得萬用。

- 大火爆香通常用的是中式快炒鍋。不過，在快炒爆香的技巧中，高溫比鍋子形狀重要。西式煎鍋或炒鍋（特別是鑄鐵鍋），是不錯的替代品。

- 如果食譜的說明中，需要蓋上鍋蓋邊炒邊燜，但炒鍋或煎鍋是不附蓋子的，這時可以用鋁箔紙做成一個比鍋口更大的蓋子來使用。

主要特色

投資一個可以放入烤箱的笨重金屬煎鍋，是值得的。因為這種鍋導熱佳，而且不因高溫而變形。直徑25～30公分的大小是最實用的。再更大的可以煮4人以上的菜。由於以鍋底直徑來計算大小，因此「斜口鍋」的容量會比「平口鍋」來得小。鍋子的把手以較長且握起來舒適者為佳。放在火爐上鍋子把手應該是冷的，也可以整個放進烤箱裡。而「鉚接」固定的把手更為堅固耐用。

煎鍋

斜口鍋方便食材滑入鍋裡，不會黏在鍋邊，最適合作義式烘蛋。

炒鍋

平口炒鍋，使湯汁在攪動食材時不易濺出來。因此這類鍋也非常適合燉煮食物，它通常附有蓋子（燉菜必備）。這種鍋的兩邊各有一個把手，方便搬動鍋子。

幫新的鑄鐵鍋作防鏽處理

新的鑄鐵鍋通常沒有事先做好油膜防鏽處理。如果你的新鍋還未經處理，可以倒入一些植物油脂，放入預熱到150度烤箱中，烤一個小時，鍋子下面加放一個烤盤，防止可能會有油滴下來。在清潔鍋具時，清除食物殘渣同時不破壞油膜的技巧很重要。一般人會用刷子或一些鹽來清潔，如果習慣用肥皂清潔的人，也可以改用溫和的洗碗精。晾乾鍋具時，可以用小火加熱乾燥鍋子。然後在鍋子上抹些植物油，就可以收納起來了。

煎豬排與熱萵苣沙拉
Pork Chops with Warm Escarole Salad

4人份 ｜ 準備時間：25分鐘 ｜ 總烹調時間：25分鐘

試試這道「豬排佐蘋果醬」的改良版吧！我還加了幾樣對身體特別好的食材。加入蘋果條，再撒上帶著堅果香的鷹嘴豆，與熱油快炒過的萵苣。

4片帶骨豬排（1片250公克）

粗鹽與現磨黑胡椒（適量）

30毫升特級初榨橄欖油

240公克鷹嘴豆罐頭（洗淨瀝乾）

450公克萵苣（用手將菜葉撕成適當大小）

1顆中型蘋果（去籽切成火柴棒細條狀）

30公克現磨檸檬皮

5毫升新鮮檸檬汁

用7.5公克的鹽與適量黑胡椒醃過豬排。取一大型炒鍋以中大火熱油。加入豬排，中火乾煎約7～8分鐘，到兩面呈金黃且熟透。把豬排移到盤子上。

把鷹嘴豆加入鍋中煮2分鐘。分批將萵苣菜放入鍋中快炒，一旦菜變軟，就再加下一批。以2.5公克的鹽和黑胡椒調味。將炒鍋移開火爐，撒上蘋果條、檸檬皮與檸檬汁。

磨檸檬皮

磨檸檬皮時，用銼刀式的刨絲器是最快最好用的工具。如果你沒有刨絲器，用非常尖銳的小刀，或削皮刀也可以，削好後再將它切碎。

番茄羅勒義大利扁麵

Linguine with Tomato and Basil

4人份 | 準備時間：15分鐘 | 總烹調時間：20分鐘

在嘗試這道菜之前，你絕不會相信這些食材竟然可以組合出如此的美味。
在同一鍋水裡煮義大利扁麵、羅勒葉、大蒜，煮到水分收乾，扁麵就有了
美味的醬汁。

335公克義大利扁麵

335公克櫻桃番茄或聖女番茄（註）（對半
切，如果較大顆則切成4瓣）

1顆洋蔥（切細絲）

4瓣大蒜（切碎）

2.5公克乾辣椒片

2枝羅勒葉（再多準備一些葉子裝飾用）

30毫升特級初榨橄欖油（多備些上桌前用）

粗鹽與現磨黑胡椒（適量）

1080毫升水

現磨帕馬森乾酪（上桌前撒上）

用一只大型炒鍋，將扁麵、番茄、洋蔥、大蒜、紅辣椒片、羅勒葉、油、10公克的鹽、1
公克的黑胡椒和水，一起加入鍋中，大火煮到沸騰。煮麵時，不斷用杓子攪動麵條。沸
騰約9分鐘直到水分收乾，麵條煮到彈牙。

以鹽和黑胡椒調味，點綴上羅勒葉，再撒上起司與橄欖油，即可上桌享用。

註：聖女番茄（grape tomatoes），也稱作葡萄番
茄。皮厚富彈性、味道適口、營養豐富。

鳳梨牛肉紅咖哩
Beef-and-Pineapple Red Curry

4人份 | 準備時間：10分鐘 | 總烹調時間：30分鐘

一瓶由紅辣椒和眾多香料所作成的紅咖哩膏，是廚房必備的材料！加入椰奶，就是一道具有泰式風情的紅咖哩！

15毫升植物油

60公克紅咖哩膏

450公克沙朗牛排（逆紋切成細薄片）

225公克四季豆（去頭尾對半切）

335公克鳳梨（切成2.5公分塊狀）

360毫升低鈉雞湯

240毫升無糖椰奶

120公克新鮮羅勒葉

用一只大型煎鍋或炒鍋以中大火熱油。加入紅咖哩膏一起爆香30秒，加入牛肉拌炒2分鐘，直到肉帶焦黃。加入四季豆、鳳梨一起攪拌約1分鐘，等到鳳梨釋出甜汁。加入高湯與椰奶，煮到沸騰後關小火，再煮8分鐘使四季豆外脆內熟，上桌前撒上羅勒葉！

鳳梨削皮

要幫帶刺的鳳梨剝皮，只要把頭尾切掉。讓鳳梨站在桌子上，順著鳳梨的弧度，一條條地把皮削掉。接著把鳳梨切成4片長條，再把中間的鳳梨心去掉後每條對半切，最後切成方塊狀或三角狀。

番茄鮮蝦義大利米粒麵
Shrimp with Tomatoes and Orzo

4人份 ｜ 準備時間：15分鐘 ｜ 總烹調時間：35分鐘

在冷凍庫裡放些蝦子，讓平日也能享用特別的美食！這種帶殼海鮮與番茄和羅勒葉特別搭！

30毫升特級初榨橄欖油

6瓣大蒜（切碎）

720公克聖女番茄（對半切）

粗鹽和現磨黑胡椒（適量）

340公克義大利米粒麵（註）

780毫升低鈉雞湯

450公克大蝦（去殼去腸）

240公克新鮮羅勒葉

預熱烤箱到200度，把烤箱鐵架放在最上層。用一只可放入烤箱且能蓋緊鍋蓋的大型煎鍋，以中火加熱25毫升的油。加入大蒜爆香1分鐘，直到大蒜變褐色後調大火，拌入番茄，再以鹽和黑胡椒調味。一邊煮一邊攪動6分鐘，直到番茄炒軟。加入義大利米粒麵與高湯，煮到沸騰後蓋上鍋蓋繼續加熱10～12分鐘，待湯汁收乾。

拌入蝦子、剩下的油、1公克的鹽和黑胡椒。將煎鍋移入烤箱，把蝦子放在米粒麵上，烤4分鐘，直到蝦子整個呈不透明狀，再撒上新鮮羅勒葉即可享用。

冷凍蝦的解凍

前一晚把蝦子從冷凍庫拿下來放在冷藏室。若來不及或忘記了，把冷凍蝦放在濾杓上，沖冷水直到解凍。大概需要5～10分鐘。

註：米粒麵（orzo），亦稱為risoni。是一種義大利麵食。形似粗大米粒，可用於沙拉、湯及主食。久煮不軟爛，口感Q彈有嚼勁。

馬鈴薯檸檬燉雞
Braised Chicken with Potatoes and Lemon

4～6人份 | 準備時間：10分鐘 | 總烹調時間：40分鐘

這是一道簡單又帶點地中海風味的雞肉料理。最後加上一點玉米粉，可以讓檸檬湯汁的質地變得更絲柔綿密。

1公斤帶骨雞腿

粗鹽（適量）

15毫升特級初榨橄欖油

300毫升低鈉雞湯

335公克手指馬鈴薯（註1）或剛採收的新

馬鈴薯（註2）（切半）

5瓣大蒜（壓碎剝皮）

120公克綠橄欖（去籽）

1顆小型檸檬（切成三角塊）

6枝百里香

15公克玉米粉

預熱烤箱到230度，灑少許鹽調味雞肉。選一只可放入烤箱的大型重煎鍋，以中大火熱油。加入雞肉，帶皮那面朝下乾煎5分鐘到呈現金黃色。把雞肉翻面，推到煎鍋邊緣。加入240毫升的高湯及2.5公克的鹽。將馬鈴薯浸到湯汁中，煮至沸騰。再加入大蒜、橄欖、檸檬塊和百里香，再煮至沸騰。

將煎鍋移到烤箱裡烘烤30分鐘，翻動馬鈴薯確定受熱均勻，直到馬鈴薯鬆軟、雞肉熟透。

把煎鍋放在火爐上。把玉米粉和剩下的60毫升高湯均勻混合，然後邊攪動邊倒進鍋中加熱至沸騰，直到湯汁變濃稠，就可立即享用。

註1：手指馬鈴薯（fingerling potato）除了以形狀像手指聞名之外，顏色也十分豐富，有紫、紅、白等色。味道濃郁，適合以煎炸、燉煮或沙拉方式料理。

註2：新馬鈴薯（New Potato）指的是新生長出來的小馬鈴薯，包括各種不同品種。剛長出來的馬鈴薯皮更薄、質地更脆，含水量及含糖量都很高。

關於雞腿肉

我們用雞腿肉來作這道菜，是因為煮雞腿肉的時間，剛好跟馬鈴薯差不多。不過也可以用雞胸肉，但記得煮20分鐘後就要取出移到一旁保溫，繼續讓馬鈴薯煮熟後再混入。

蘑菇起司烘蛋
Mushroom-Cheddar Frittata

4人份　｜　準備時間：30分鐘　｜　總烹調時間：40分鐘

土司和蛋能有什麼新創意呢？我們重新發想了這兩個食材，把烤好的酸麵包塊（註），加入已融化的義式起司烘蛋裡，這道菜在一天的任何時刻都適合享用。畢竟，誰不愛把早餐當晚餐吃？

10個大雞蛋（稍微攪拌）

60毫升全脂牛奶

粗鹽和現磨黑胡椒（適量）

30公克無鹽奶油

2片厚片酸麵包（切成2公分塊狀）

225公克蘑菇（去蒂切片）

6枝青蔥（將蔥綠和蔥白部分分開，切成蔥花）

120公克細條狀切達起司

將烤箱預熱到220度。在大碗中將蛋和牛奶打在一起，再加入鹽和黑胡椒調味。取一只可放入烤箱用的直徑25公分不沾煎鍋，以中大火融化15公克奶油。加入酸麵包塊，煎4分鐘到金黃色再移到盤中。

把剩下的奶油和蘑菇一起放入鍋中，煮4分鐘到變軟。調到中火，加入蔥白，炒3分鐘，以鹽和黑胡椒調味。將蛋汁倒入鍋中煎2～4分鐘，直到蛋開始凝固成布丁狀，在半熟狀態下把麵包塊嵌入半凝固的蛋包中。

撒上切達起司絲，放入烤箱烘烤5～7分鐘，直到蛋包膨起，中心烤熟。撒上蔥綠即可。

其他適合烘蛋的食材組合

蘑菇和切達起司是很棒的組合，但你也可以把喜歡的「蔬菜」和「起司」搭在一塊。如蘆筍和瑞士格呂耶爾起司。青椒和帶有奶甜味的美國蒙特瑞傑克起司。

註：酸麵包是指利用天然酵母發酵的老麵，再加入其他材料如麵粉、糖、油等攪拌成麵糰後做成的麵包。帶有微微的酸味，足以引起食欲，又不會過酸搶掉其他材料的風味。

火雞肉派
Turkey Skillet Pie

6～8人份 | 準備時間：30分鐘 | 總烹調時間：50分鐘

這道菜可能會變成家人們最喜歡的菜！切達酪奶比司吉輕巧地點綴在辣椒和火雞肉中間，絕對是受眾人喜愛的熱門佳餚！

240公克中筋麵粉

5公克泡打粉

1公克蘇打粉

粗鹽和現磨黑胡椒（適量）

15毫升植物油

1顆紅椒（切絲）

1顆中型洋蔥（切碎）

220公克蘑菇（去梗切片）

680公克火雞絞肉（黑火雞肉尤佳）

30公克番茄糊

15公克辣椒粉

400公克番茄（切丁）

45公克無鹽奶油

80毫升酪奶（註）

165公克切達起司碎片

預熱烤箱到220度。在碗內均勻混合麵粉、泡打粉、蘇打粉和1公克的鹽。

用一只可放入烤箱的大型煎鍋，調中大火熱油。加入紅椒、洋蔥和蘑菇拌炒8～10分鐘直到軟化，以鹽和黑胡椒調味。加入火雞絞肉、番茄糊和辣椒粉，邊煮邊攪動約3分鐘，直到肉的顏色不再是粉色。以鹽和黑胡椒調味。關火。

奶油切成小塊拌入麵粉中，用兩把刀混和拌成粗粒狀。倒入酪奶和切達起司製成比司吉麵糰，直到麵糰吸收了酪奶也沾滿起司。將麵糰分成9等分，放在火雞肉上方，放入烤箱烘烤20分鐘，待比司吉麵糰變成金黃色。

註：酪奶（buttermilk），又稱白脫牛奶。是牛奶製成奶油之後剩餘的液體，有酸味。過去常直接飲用，目前多用作糕點的製作食材之一。

一只鍋，四種滿足
起司通心粉
Macaroni and Cheese

8人份 ｜ 準備時間：40分鐘 ｜ 總烹調時間：40分鐘

要使這道家喻戶曉的經典料理更美味，實在不簡單。不過，我想我們辦到了！那就是直接在醬汁裡煮麵。本書提供四種變化，一種經典版，三種變化版滿足不同的味蕾。

※經典版
義大利起司通心粉
Skillet Macaroni Cheese

90公克無鹽奶油

240公克新鮮乾麵包碎塊

30公克帕馬森乾酪絲

一顆小型洋蔥（切碎）

120公克中筋麵粉

1440毫升牛奶（含2%脂肪的最好）

340公克義大利通心粉

250公克白切達起司絲

240公克瑞士格呂耶爾起司絲（註1）

2.5公克法式第戎芥茉醬（註2）

粗鹽與現磨黑胡椒（適量）

1. 只開熱烤功能的上火預熱烤箱到220度。取一只可放入烤箱的大型煎鍋，以中大火熱油。把熱好的一匙油，倒入碗中，混入麵包碎塊和帕馬森乾酪。

2. 將洋蔥加入煎鍋炒軟約4分鐘，拌入麵粉攪拌1分鐘。慢慢地倒入牛奶，煮到沸騰。加入義大利通心粉不斷攪動，若有食物渣黏在鍋底，用木杓刮除，一直烹煮約6分鐘，直到通心粉變軟。將鍋子移開火爐，拌入切達起司、格呂耶爾起司，以鹽和胡椒調味。撒上麵包碎塊，再熱烤1～2分鐘到金黃色即可上桌。

註1：格呂耶爾起司（Gruyere Cheese），源自瑞士同名小鎮。呈黃色，質地堅硬，口感細滑，鹹味溫和偏濃，聞起來有蜂蜜和堅果的香味。適合當作零嘴點心，也適合搭配麵包吐司、酒和咖啡，或煮乳酪火鍋。

註2：法式第戎芥茉醬（Dijon mustard），產於勃艮第的第戎（Dijon）。由去莢的褐色芥菜籽製成，辣味較強，特別適合與肉類食物搭配食用。

※經典版
義大利芳提那起司通心粉佐蘑菇

With Mushrooms and Fontina

在左例步驟2,將洋蔥改成225公克的波特貝拉菇(註3)。把切達起司換成芳提那起司(註4)。法式第戎芥茉醬以10公克新鮮切碎百里香取代。

義大利山羊起司通心粉佐春蔬

With Spring Vegetables and Goat Cheese

左例步驟2的洋蔥換成2大枝的韭蔥(只要切除深綠色),洗淨切碎。倒入牛奶後,加入480公克切碎的綜合蔬菜(如蘆筍、胡蘿蔔、豌豆)。把瑞士格呂耶爾起司換成110公克的山羊起司(註5)碎塊,省略芥茉醬。

義大利高達起司培根通心粉
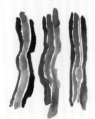
With Bacon and Gouda

省略左例步驟2的洋蔥。將切達起司換成高達起司。當加入起司時,撒上8片煎過且切碎的培根片。

註3:波特貝拉菇(Portobello Mushroom)、也叫波特菇。此類蘑菇呈淺咖啡色,質地扎實,是目前最大的耕種菇類。

註4:芳提那起司(fontina cheese),義大利牛奶乾起司,味道濃郁且口感滑順,帶點堅果風味。

註5:山羊起司(goat cheese),以山羊奶製成,氣味清淡,香味獨特,帶點微酸。

義大利起司通心粉
P78

義大利芳提那起司通心粉佐蘑菇
P79

義大利山羊起司通心粉佐春蔬
P79

義大利高達起司培根通心粉
P79

炒鱸魚片佐海蚌和玉米

Striped Bass with Clams and Corn

4人份 ｜ 準備時間：30分鐘 ｜ 總烹調時間：30分鐘

到漁市場和傳統市場繞一圈，你就會知道仲夏夜的完美晚餐是哪一道！今日現撈：肉質鮮嫩無腥味的鱸魚片、海蚌，搭配櫛瓜和玉米，就能作出一道鮮甜的海鮮料理。

30公克無鹽奶油

1顆小型洋蔥（切碎）

3瓣大蒜（切碎）

粗鹽和現磨黑胡椒（適量）

2顆育空黃金馬鈴薯（註）（削皮切成1公分塊狀）

300毫升低鈉雞湯

12顆小型海蚌（洗淨去沙）

2杯玉米粒

1條小型櫛瓜（切成0.6公分厚片）

4條無刺的魚片（約450公克，切成2.5公分厚片，也可以用其他具彈牙肉質的白身魚來取代，如海鱸魚或大比目魚）

新鮮羅勒葉（上桌前備用）

取一只大型炒鍋以中大火融化奶油，加入洋蔥、大蒜、2.5公克的鹽，拌炒3分鐘，直到洋蔥呈現半透明狀態。加入馬鈴薯、高湯，蓋好鍋蓋以大火煮5分鐘到沸騰。拌入玉米和櫛瓜，把海蚌推到鍋邊，中間放入魚片，煮4～6分鐘，直到海蚌打開（沒打開的就丟掉）、魚肉變成不透明狀。最後撒上羅勒葉即可享用。

註：育空黃金馬鈴薯（Yukon Gold potato）是1960年代由兩名加拿大人在貴湖大學栽培出的新品種，含有豐富的維他命C，肉質呈現金黃色。因當時育空河的淘金熱潮而命名。

香腸番茄烤布丁

Savory Sausage and Tomato Pudding

4人份 | 準備時間：10分鐘 | 總烹調時間：40分鐘

英國人替這道料理取了個有趣的名稱，「蟾蜍在洞」（註1），看起來有點滑稽，能為餐桌帶來微笑，品嚐起來也很美味。這道菜的布丁部分吃起來像「雞蛋泡芙」，在烤箱裡受熱膨起的布丁，烤成金黃色更添美味。

360公克中筋麵粉　　150g

360毫升牛奶　　150ml

3大顆雞蛋　　1

30公克無鹽奶油（融化）　10

5公克粗鹽　　1.5

15毫升特級初榨橄欖油　5

450公克香腸，英式坎伯蘭香腸（註2）尤佳

5根青蔥

10顆櫻桃番茄（隨喜好選擇是否有帶枝葉）

預熱烤箱到220度。用攪拌器將麵粉、牛奶、奶油和鹽拌勻成麵糊，放一旁備用。取一個可放入烤箱直徑約25公分的煎鍋，加入香腸和青蔥，煎5分鐘到呈現焦黃。拌勻把麵糊倒入鍋中，淋在香腸上，最後以櫻桃番茄點綴。烘烤30分鐘，直到麵糊成形固定即可享用。

註1：蟾蜍在洞（toad in the hole）的料理名稱由來眾說紛紜。比較肯定的說法是1787年首次書面紀錄，表示此料理以酒吧遊戲命名。遊戲玩法就是在桌子上鑽洞，大家比賽把硬幣丟入洞中。就跟這料理的形狀有點類似。

註2：坎伯蘭香腸（Cumberland sausage）源自於英格蘭西北方的坎布里亞郡，原料為豬肉與各式香料，帶有黑胡椒香味。傳統的坎伯蘭香腸通常長度超過50公分，捲成一個漩渦圈，就像一條蛇。

菠菜派
Spinach Pie

4人份 | 準備時間：25分鐘 | 總烹調時間：55分鐘

這道菜改良自希臘菠菜餅（註1）。酥脆的千層派皮裡，是美味的菠菜費塔起司餡料。冷凍菠菜可以節省很多烹調時間。不過，請盡量把菠菜的水分瀝乾，否則派皮會過於濕軟。

60公克無鹽奶油
1顆小型洋蔥（切碎）
560公克冷凍切碎的菠菜（解凍過將水分擠乾）
220公克全脂義大利瑞可塔起司（註2）
3顆大雞蛋

30公克費塔起司（註3）
30公克新鮮切碎的蒔蘿
粗鹽和現磨黑胡椒
4片冷凍千層派皮（解凍）

預熱烤箱到190度。選一個可放進烤箱直徑約25公分的不沾黏煎鍋，以中火融化奶油。先把一半的油倒在碗裡備用，接著在鍋中放入洋蔥，拌炒5分鐘到變軟。把鍋子移開火爐稍微冷卻，再拌入菠菜、瑞可塔起司、雞蛋、費塔起司、蒔蘿、5公克的鹽與3公克的胡椒。

把一片派皮放在料理台上，同時將其他派皮蓋好避免乾掉。用事先保留下來的奶油輕輕刷在表面。再將刷過奶油的派皮放到鍋子內的菠菜上方，並把多出來的派皮角塞入鍋內，直到整個派皮蓋住鍋子為止。接著一片片將其餘派皮都刷上奶油，鋪在鍋子上。並把每層派皮都稍微轉一下並抓皺，使派皮角不會都疊在一起結成厚塊。接著將整個煎鍋放入烤箱裡，烘烤30分鐘，直到烤成金黃色且熱透為止。

註1：希臘菠菜餅（spanakopita），希臘人常吃的點心之一。以派皮包覆切碎的菠菜、費塔起司、洋蔥、雞蛋與香料，折成三角形送進烤箱烘烤至呈金黃色。

註2：瑞可塔起司（ricotta cheese），是用製造起司的副產品「乳清」加工而來的。脂肪含量低、低鹽，有微微的乳酸味道和粉粉的質地，為義式料理常見的配角。

註3：費塔起司（feta cheese），原產自希臘，除了綿羊奶、山羊奶，現今也用牛奶製作，口感如奶油般細膩，帶有鹽味與酸味。

關於派皮

你去超市時會發現這些千層派皮都放在冷凍櫃裡。但因為派皮很薄、容易乾掉，所以很多食譜書會要求在準備料理時，在派皮上蓋一層濕毛巾保濕。但我的技巧是，把每一層派皮都刷上奶油，如此一來既可保濕，又可以享有酥脆口感。

青江菜爆炒雞肉
Stir-Fried Chicken with Bok Choy

4人份 | 準備時間：20分鐘 | 總烹調時間：20分鐘

這是一道立即就能上菜的中式熱炒。綠色青江菜搭配雞肉已經是飽足感十足了，不過你還是可以配飯吃，讓米飯吸收美味的湯汁也是一絕。

60毫升低鈉醬油

15毫升白米醋 （原味）

10公克紅糖

45毫升水

2片無骨雞胸肉 （總重約450公克，切長條狀）

20公克太白粉 （備用）

30毫升植物油

2瓣大蒜 （切碎）

10公克薑 （去皮切碎）

約800公克切段青江菜

1顆小紅辣椒 （去籽切碎）

取一個碗，將醬油、醋、紅糖和水攪勻。

用另一個碗，將雞肉和上薄薄一層太白粉。選一個中式炒菜鍋或大型炒鍋，以中大火熱油，將大蒜和薑爆香約1分鐘，把雞肉放入鍋中。將肉片緊壓鍋底，注意雞肉不要疊在一起，乾煎6～8分鐘，直到呈淡黃色且熟透。

拌入青江菜和辣椒拌炒約1分鐘，直到青江菜稍微軟化。加入一開始混合好的醬汁佐料炒2分鐘，待醬汁變濃稠。

快炒好吃的要訣

快炒要好吃，靠的是大炒鍋和超高溫。想在家模擬餐廳的快炒效果，就不要把鍋裡的肉疊在一塊炒，注意單層拌炒就好。第二個要訣是在放雞肉前，油一定要夠熱！

甜菜根煎蛋

Beet Hash with Eggs

4人份 | 準備時間：30分鐘 | 總烹調時間：30分鐘

一種新食材，就可為熟悉的食譜帶來新意。甜菜根能替無肉料理，增添些許甜味。這道令人開心的佳餚，不論早餐、午餐或晚餐都很適合享用！

450公克甜菜根（削皮切丁）
225公克育空黃金馬鈴薯（洗淨切丁）
粗鹽與現磨黑胡椒（適量）
30毫升特級初榨橄欖油

1顆小型洋蔥（切碎）
30公克新鮮切碎的西洋香菜
4顆大型雞蛋

將甜菜丁和馬鈴薯丁放入一個煎鍋或大型炒鍋，加水煮滾。撒上少許鹽巴，烹煮約7分鐘直到食材變軟。把水瀝乾後將鍋子擦乾。

用同一個鍋子以中大火熱油。將瀝乾的甜菜丁和馬鈴薯丁加進來，乾煎約4分鐘到馬鈴薯呈現焦黃色。調到中火，加入洋蔥拌炒4分鐘到洋蔥變軟。以鹽和胡椒調味，拌入西洋香菜。

把炒料分成4份，在每一份上打顆蛋，並以少許鹽調味。煮到蛋白凝固而蛋黃半熟的程度，約5～6分鐘。

選購甜菜根

小顆甜菜根比大顆來得甜又嫩。最好選購上面還帶有綠葉的甜菜，綠葉部分還可利用橄欖油和大蒜拌炒，超好吃哦！

香腸甘藍焗飯

Baked Rice with Sausage and Broccoli Rabe

4人份 | 準備時間：20分鐘 | 總烹調時間：50分鐘

用煎鍋焗飯是創造美味佳餚極棒的起點，因為焗飯可加入不同食材，創造出各種不同的變化。香腸和球花甘藍是我最愛的組合之一。

30毫升特級初榨橄欖油

225公克義大利香腸（剝除腸衣將肉打散）

120公克切碎洋蔥

3瓣大蒜

300公克艾保利奧米

60毫升不甜的白酒（如白蘇維翁白葡萄酒）

540毫升低鈉雞湯

1把球花甘藍（約170公克，切成5公分長度，加一湯匙水和鹽，像拌沙拉一樣稍微在碗裡抖動一下）

預熱烤箱到200度，取一個可放入烤箱的大型煎鍋，以中大火熱油。將香腸肉拌炒約3分鐘，直到香腸呈微焦狀態。加入洋蔥和大蒜拌炒3分鐘，直到洋蔥變半透明。

拌入義大利米和酒，煮到沸騰約1分鐘左右，等湯汁被米飯吸收了，再將高湯全部加入，一樣煮到滾。

把煎鍋整個放入烤箱，烘烤10分鐘。移出烤箱稍微攪動一下米飯，蓋上鍋蓋再繼續燜10分鐘，即可上桌。

西班牙焗飯
Spanish Baked Rice

4人份 | 準備時間：15分鐘 | 總烹調時間：45分鐘

這道菜是煎鍋焗飯的另一個妙點子，裡頭鑲滿了鮮美海蚌與辣味西班牙香腸，可說是西班牙鍋飯的「簡易改良版」。務必在做菜的當天購買新鮮海蚌入菜。

30毫升特級初榨橄欖油
85公克乾燥西班牙紅椒香腸（0.6公分片狀）
240公克新鮮切碎的洋蔥
3瓣大蒜
300公克艾保利奧米

60毫升不甜的白酒
360毫升低鈉雞湯
60毫升水
12顆海蚌（洗淨）

預熱烤箱到200度，取一個可放入烤箱的大型煎鍋，以中大火熱油。將西班牙香腸入鍋拌炒2分鐘，不斷翻炒直到邊緣煎黃，拌入洋蔥和大蒜炒3分鐘，直到洋蔥變半透明狀態。

拌入義大利米和酒煮至沸騰。待米吸收所有湯汁1分鐘後加入高湯和水，再次煮至沸騰。

整個煎鍋放入烤箱烘烤10分鐘後，加入海蚌再烤10分鐘，直到蚌殼打開，米飯吸收所有湯汁（若有殼未開的蚌，請挑出丟掉）。從烤箱取出煎鍋，蓋上鍋蓋燜10分鐘再上桌。

關於西班牙紅椒香腸

本食譜中的乾燥西班牙紅椒香腸（Chorizo）是已經過醃製處理的商品。一般大型外國超市都有賣，如果有剩餘食材，也可以用來做湯品、燉菜、墨西哥玉米餅和炒蛋。

西班牙焗飯
P93

香腸甘藍焗飯
P92

咖哩雞肉派
Curried Chicken Potpie

4人份 | 準備時間：25分鐘 | 總烹調時間：1小時25分鐘

簡單味美，就是這道經典不敗美式療癒系菜餚的獨特之處。利用市面販售的現成千層派皮，雞肉派不費力就成形，而且在餐桌上看起來更是可口！

1張冷凍千層派皮（約500公克包裝中取出一張，解凍備用）

60公克中筋麵粉（另多準備一點備用）

45公克無鹽奶油

1大根韭蔥（去除深綠色部分，切成1.3公分半月形，洗淨）

4條歐洲防風草（切成2.5公分塊狀）

2條胡蘿蔔（切成2.5公分塊狀）

粗鹽和現磨黑胡椒

720毫升低鈉雞湯

1個褐皮馬鈴薯（註）（削皮切成火柴條狀）

20公克咖哩粉

450公克無骨去皮雞腿肉（切成2.5公分厚度）

240公克冷凍豌豆

15毫升牛奶

預熱烤箱到200度。在灑著少許麵粉的烘焙紙上攤開一片千層派皮，將派皮桿成28～30公分的方形，移到冰箱放置15～30分鐘，直到派皮變硬。

同時，用一個大型炒鍋或煎鍋以中大火融化奶油。加入韭蔥、歐洲防風草、胡蘿蔔和5公克的鹽一起煮。不斷攪動約5分鐘，直到食材稍微變軟。加入麵粉炒1～2分鐘，待食材呈現焦黃色。繼續不斷拌炒一陣子後，倒入高湯、馬鈴薯和咖哩粉。沸騰後將火關小，燜煮8～10分鐘，期間稍微攪拌一下，直到馬鈴薯變軟。整體冷卻下來後，再放入雞肉和豌豆。

將冷藏變硬的派皮放在剛做好的雞肉派內餡上，如果大小不合，可以去除邊角，用一隻銳利的小刀，在派皮中間畫個X，好讓蒸氣散出。將奶油刷在派皮上。放進烤箱烘烤15分鐘後，在派皮的邊緣蓋上一層鋁箔紙，但注意不要蓋到中間。這個技巧可讓雞肉煮熟的同時邊緣卻不會烤焦。繼續烘烤30分鐘，直到派皮呈現金黃色，餡料滾動冒泡後取出。放冷10分鐘後再上菜！

註：褐皮馬鈴薯（Russet Burbank Potato），表皮為赤褐色而肉質偏白。這種馬鈴薯含水量較低不適合久煮，但因質地鬆軟，非常適合於烘烤、壓泥或是製作成薯條。

想吃經典雞肉派？

如果想吃真正傳統的美式雞肉派，
那麼只要省略咖哩粉即可！

水煮鱈魚番茄
Poached Cod with Tomatoes

4人份 | 準備時間：25分鐘 | 總烹調時間：35分鐘

利用小火在高湯中煨煮新鮮蔬菜、羅勒葉和鮮嫩的鱈魚片。用杓子撈出煮好的食材，放在一個碗裡，即可享用這道美味又養生的料理。

480毫升低鈉雞湯

半顆中型紅皮洋蔥（切碎）

480公克櫻桃番茄（切半）

225公克小馬鈴薯，如手指馬鈴薯或紫馬鈴薯（註）（切成0.5公分的丁狀）

3把羅勒枝（多備一些葉子擺盤用）

1公克乾紅椒片

粗鹽和現磨黑胡椒（適量）

4片無骨鱈魚片（每片約110公克重）

110公克豌豆夾（去頭蒂斜切成薄片狀）

5毫升新鮮檸檬汁（外加4個檸檬塊備用）

特級初榨橄欖油（少許，最後上桌前調味用）

用一個附有鍋蓋的大型炒鍋，放入高湯、馬鈴薯、洋蔥、360公克番茄丁、羅勒葉、紅椒片和10公克的鹽，以大火加熱煮到沸騰。轉小火煮6～8分鐘，打開鍋蓋繼續燉煮至馬鈴薯外脆內軟。鱈魚片以鹽和黑胡椒調味後，放入高湯中，蓋上鍋蓋燜煮7分鐘，待魚片整個煮熟變不透明。

取出羅勒枝丟掉。將豌豆莢、剩下的120公克番茄丁和檸檬汁放入鍋中，慢慢攪動到與其他食材合而為一，並且豌豆和番茄都熟了。將魚、青菜和高湯分成4碗，以備用羅勒葉點綴，淋一點橄欖油，上桌前加擺一片檸檬塊！

註：紫馬鈴薯（Purple Potato），也稱為藍色馬鈴薯（Blue Potato），為南美洲馬鈴薯品種，產季在秋天，從深藍、薰衣草色至白色都有，帶堅果風味，質地較緊密，適合水煮。

雞肉蘑菇
Chicken with Sautéed Mushrooms

4人份 | 準備時間：25分鐘 | 總烹調時間：25分鐘

這道菜需要用一種傳統的法式烹調法：將薄薄一層麵粉撒在雞肉上入鍋拌炒，加一點蔬菜，最後淋上酒和高湯作成的醬汁。鏘鏘！晚餐就做好了！

60公克中筋麵粉

680公克雞肉片

粗鹽和現磨胡椒（適量）

15毫升特級初榨橄欖油

45公克無鹽奶油

30公克新鮮百里香葉（切碎）

450公克蘑菇（去蒂頭切成4小塊）

60毫升不甜的白酒

60毫升低鈉雞湯

60公克新鮮切碎的西洋香菜

雞肉先以鹽和胡椒調味。在淺碟上放少許麵粉，將預先調味的雞肉裹上薄薄一層麵粉，並抖掉多餘的麵粉。

取用一個大型煎鍋，以中大火融化15公克的奶油。分批將雞肉放入鍋中乾煎至金黃色，一面約需乾煎3分鐘。把煎好的雞肉移到盤中，稍微用鋁箔紙鬆鬆地蓋住以保溫。

調為中火，加入百里香、蘑菇及剩餘的30公克奶油，煮6分鐘到食材變軟。加入高湯和酒再煮3分鐘，到湯汁剩下一半後，以鹽和黑胡椒調味。將雞肉移回鍋中，沾裹上湯汁。再撒上新鮮西洋香菜即可上桌。

關於雞肉片

你可以買已切好的雞肉片。不過，如果想省錢，也可以買比較便宜的無骨雞胸肉回家自己切片。一般雞胸肉厚薄不一，以下作法讓肉可以切得更均勻：將肉包在烘焙用紙中，先用木槌把肉打薄、厚度分布均勻後，再橫切成0.6公分厚片。（譯註：包在烘焙用紙中槌打，可避免槌子直接碰觸到雞肉，比較衛生！）

現磨莫扎雷拉起司
這種起司能夠為千層麵帶來獨特的味道與口感，
但由於質感柔軟，削磨時可能有點難度。解決的
方法是：先將起司冰在冷凍庫約20分鐘，但不要
冰到結凍，冰到稍微凝固方便削磨的程度就好。

三味起司義大利千層麵
Three-Cheese Lasagna

4～6人份 ｜ 準備時間：30分鐘 ｜ 總烹調時間：1小時

試試這個義大利千層麵的偷吃步作法：自製義式番茄醬，並在同一個鍋子中組裝千層麵。把麵切短的話，組裝起來會更加完美。

2罐整顆去皮的梅子番茄罐頭（一大罐約780
公克，另一小罐約420公克）

3瓣大蒜（切碎）

45毫升特級初榨橄欖油

粗鹽及現磨胡椒（適量）

1大顆蛋黃

340公克室溫的低脂瑞可塔起司

一盒約340公克不需事先煮熟的千層麵（註1）

225公克新鮮切絲的莫扎雷拉起司（註2）

30克佩克里諾起司（註3）或帕馬森乾酪

預熱烤箱到200度。將番茄罐頭連汁一起倒入食物處理器中，打成含粗粒的泥狀。選用一個大型炒鍋，以中大火將番茄、大蒜與油一同拌炒，直到湯汁沸騰後，加入鹽和黑胡椒調味。調成中火煮12分鐘，直到湯汁變濃稠，約剩1公升左右的番茄濃醬。

同時，將蛋黃、瑞可塔起司、2公克的鹽和黑胡椒倒入碗中攪拌均勻。

接著組裝千層麵。小心地將醬汁倒入隔熱碗中，取出180毫升放入煎鍋中，均勻地塗在煎鍋上，再鋪上一層千層麵。你可以把麵切短來符合鍋子形狀，再均勻鋪上一半的瑞可塔起司。第二層是麵與360毫升的番茄醬汁，接著是第三層麵和剩下的瑞可塔起司。最後一層麵鋪上後再將其餘的醬汁均勻抹上，並撒上莫扎雷拉起司和佩克里諾起司。

將千層麵放入烤箱，烘烤30～35分鐘，直到烤成金黃色、起司冒泡。出爐後靜置10分鐘即可享用。

註1：一般千層麵都要先煮熟才能放入烤箱，否則麵會太硬，但現在市面上已經有標榜不需煮熟的備用千層麵麵條。

註2：莫扎雷拉起司（Mozzarella），俗稱水牛起司。含水量十分高，加熱後會呈現拔絲狀，多使用在焗烤或披薩上。

註3：佩克里諾起司（Pecorino Romano），以羊奶製成，屬硬質乳酪，有鹹味與濃烈香味。常撒在義大利麵上提味。

義式辣味櫛瓜烘蛋
Spicy Zucchini Frittata

4人份 ｜ 準備時間：20分鐘 ｜ 總烹調時間：25分鐘

這道源自義大利的佳餚，如果加入玉米和墨西哥辣椒，就帶有美國西南方的風味了！可以放涼當冷盤或是趁熱吃，早午晚餐皆適宜。若剛好遇上玉米盛產期，最好使用新鮮玉米。若不是，使用冷凍玉米效果也不錯！

30毫升特級初榨橄欖油　　　　　　240公克玉米粒
半顆紅皮小洋蔥（切絲）　　　　　粗鹽（適量）
1條墨西哥辣椒（切碎）　　　　　　8大顆雞蛋
1條櫛瓜

選用烤箱的「燒烤功能」。挑一個可放入烤箱的中型煎鍋，以中火熱油。加入洋蔥與辣椒拌炒5分鐘，直到食材炒軟。加入櫛瓜與玉米粒煮7分鐘到蔬菜變軟，再以鹽調味。

將蛋打在碗中與2.5公克的鹽拌勻。把蛋和蔬菜一起放進煎鍋，大約煎2～3分鐘至邊緣凝固不變形。

整個鍋子放入烤箱，烘烤2～3分鐘，到蛋包中間凝固呈淡金黃色，中間像泡芙一樣膨起。熱食或冷食都好吃。

慢鍋
Slow Cooker

晚餐可以「自動」煮好！？用**慢鍋**，這個夢想就能實現！只要將食材都放在慢鍋裡，按下按鈕，幾個小時後，一頓熱騰騰的豐盛晚餐就準備好了！

基本知識

因品牌名稱，慢鍋也稱作克羅克電鍋（Crock-Pot），是一種以陶瓷、金屬煎板與緊密鍋蓋組合成的一種電子鍋。這種鍋子會自行進行烹煮程序，使用者可以安心地做其他工作，因為食材是在較低的溫度下（約93度）慢慢地燜煮熟成。但也因此，烹調時間很長，約在4～8小時之間。慢鍋會讓肉質較硬的部位，像是牛胸或羊筋，變得軟嫩，口感更美味。緊密的鍋蓋可以保留住蒸氣，煮出美味的湯品與燉菜。使用方便也不需攪拌，一大早備好料、設定烹調時間，回到家就有美味晚餐可以享用了。

所以，慢鍋要煮得好吃的關鍵點在哪裡呢？有些慢鍋食譜不講究味道，只顧方便性。把所有食材丟進鍋裡就不管的話，會省略一個讓湯品和燉菜美味的步驟，那就是把肉煎得焦黃的褐變過程。這道工序會讓菜餚，尤其是雞肉，味道更豐富，肉也能因此保有肉汁，不易乾澀。因此，在本書裡，我為慢鍋所設計的料理，主要都是不需進行褐變處理就非常美味的菜餚。至於雞肉料理，我特別選用內附「金屬煎板」的慢鍋，可以將煎板放在火爐上煎黃雞肉。如果你的慢鍋沒附這種金屬煎板，只要在烹調前把雞肉去皮即可。

烹調技巧

- 注意選用適合慢鍋的食材。以下肉類易乾澀，「不適合」慢鍋：雞胸肉、牛肉和羊肉較嫩的部位。絞肉和海鮮則是容易過熟，都不大適合慢鍋。

- 注意食譜適用的慢鍋大小。烹調時，慢鍋應該要半滿到八分滿。若不到半滿，食材會煮過頭。若太滿，湯汁則會因沸騰而溢出來。

- 請抗拒好奇心與想偷看的壞習慣。因為等慢鍋熱需要一段時間，若一直掀開鍋蓋使蒸氣溢出，鍋裡的溫度就會下降。所以，每掀開一次鍋子，請自動增加15分鐘的烹調時間。

- 如果外出的時間比食譜的烹調時間要久，如何「拉長」慢鍋的烹煮時間呢？只要將食材放入鍋中後蓋起來，放在冰箱一整晚，冰冷的鍋子和食材，自然會延長約一小時的烹調時間。

- 了解你用的是哪一種慢鍋。慢鍋有各種不同價位和溫度。如果發現使用的慢鍋常常煮過熟或煮不熟，請依照家裡的慢鍋溫度，自行調整烹調時間。

- 絕對不要把「冷凍食材」放入慢鍋裡，因為肉類可能會在不適合的溫度裡放置太久，造成病菌孳生導致食物中毒。

關於大小

選用約5～7公升大小的慢鍋，這種尺寸適用於多數食譜。橢圓或長方形的慢鍋，較圓鍋更適合燉肉或全雞料理。

可做褐變處理的金屬煎板

有些慢鍋，如圖所示會附有一個金屬煎板，可以直接放在火爐上煎肉。煎好再移到慢鍋裡。或者是慢鍋本身會快速加熱直接將肉煎黃。我喜歡這種慢鍋，因為它可以爆香洋蔥、其他香料及把肉煎黃，提升食物香氣。

智慧型功能設定

對於慢煮料理來說，你只需要慢鍋的「低溫」和「高溫」兩種模式。不過，目前許多慢鍋備有各種不同的功能，譬如保溫以及可以自行設定的計時功能等。可自行判斷哪些功能最適合你。

提著走的鍋種

如果想把慢鍋帶到美國流行的「家常菜聚會」（譯註：potluck，通常是賓客每人準備一道菜），就需找具有「可鎖功能的鍋蓋」及附有「提袋」的慢鍋種類。

摩洛哥胡蘿蔔燉雞

Spiced Chicken Stew with Carrots

4人份 ｜ 準備時間：10分鐘 ｜ 總烹調時間：4小時10分鐘

利用附有金屬煎板的慢鍋將雞皮煎得酥脆，來為這道具有摩洛哥風味的燉菜提味。這道菜單吃就很棒，搭配庫斯庫斯，更是方便的美味選擇。

8隻帶骨雞腿（約1135公克重）

粗鹽與現磨胡椒（適量）

30毫升橄欖油（可選擇不加）

900公克胡蘿蔔（切成3.5公分塊狀）

1瓣大蒜

1枝肉桂棒

2.5公克小茴香

60公克黃金葡萄乾

120公克新鮮西洋香菜

60公克烤過的杏仁脆片（可選擇不加）

雞肉以鹽和胡椒調味。用一個5～7公升大小且附有煎板的慢鍋，將雞肉煎到表面焦黃後移到盤中。（如果你的慢鍋沒有這種功能，請直接把雞肉去皮）。在鍋中加入胡蘿蔔、大蒜、肉桂棒及小茴香。把雞肉放在最上面。蓋上鍋蓋，以高溫烹煮雞肉約4小時（或低溫烹調8小時），煮到時間剩15分鐘時，加入黃金葡萄乾。

取一支有洞孔的撈杓，把雞肉和胡蘿蔔撈出放在盤子上（把肉桂棒取出丟掉），撒上新鮮西洋香菜和杏仁片，以鹽和胡椒調味鍋裡的醬汁，最後淋在雞肉上即可享用。

手撕豬肉
Pulled Pork

8人份 | 準備時間：10分鐘 | 總烹調時間：6小時30分鐘

鍾愛烤肉的信徒，可能會說美國名菜「手撕豬肉」一定要在特製的燻窯裡做，才是純正的。（譯註：傳統煙燻窯是在地上挖洞放入木炭，製作出土窯後放入肉並架在上面烤，以取得特殊的煙燻風味。）不過，這個食譜簡單到在自家廚房裡，就可以烹調出風味絕佳的手撕豬肉。

1顆中型洋蔥（切碎）

5公克乾奧勒岡葉

2片乾月桂葉

1條泡在阿斗波醋醬（註1）中的墨西哥煙燻辣椒（切碎）

15毫升阿斗波醋醬

1瓶帶塊狀的番茄罐頭（約780公克）

1罐番茄泥罐頭（約400公克）

10公克粗鹽

2.5公克現磨胡椒

1250公克無骨豬肩肉（去肥肉，逆紋直切成兩大塊）

8個漢堡麵包（從中間切半備用）

涼拌高麗菜（註2）

酸黃瓜

取一個5～7公升深的慢鍋，將洋蔥、奧勒岡葉、月桂葉、墨西哥辣椒、阿斗波醋醬、番茄泥罐頭、鹽和黑胡椒放入鍋中，並讓豬肉完全浸入醬汁中。

蓋上鍋蓋，設定「高溫」烹調6小時。豬肉軟嫩後移到碗裡，用叉子撕成細條狀。把撕好的豬肉放回鍋中，與醬汁混在一起，取出月桂葉丟掉。

把豬肉夾在切半的漢堡麵包中間，搭配涼拌高麗菜與酸黃瓜一起享用。

註1：阿斗波醬（adobo sauce）是一種生肉醃漬辣醬，包含了紅椒粉、奧勒岡葉、鹽、大蒜與醋。主要使用在西班牙與葡萄牙料理中。自行製作阿斗波醬的比例為：120毫升醋、120毫升低鹽醬油、1瓣切碎大蒜、2.5公克黑胡椒及60毫升的植物油。

註2：涼拌高麗菜（coleslaw）主要是由高麗菜和胡蘿蔔做成的沙拉，作法多樣化，可以搭配植物油、醋、醋醬油、蛋黃醬或芥末醬。一般作為美式燒烤或油炸食物的配菜。

鹽醃牛肉佐甘藍
Corned Beef and Cabbage

6人份 | 準備時間：15分鐘 | 總烹調時間：5小時15分鐘

這道聖派翠克節（註）必吃的愛爾蘭名菜，一年若只吃一次，太不滿足啦！
鹽醃牛肉的命名，來自於將大塊牛肉表面塗上粗鹽來保存的鹽醃料理法。

3條胡蘿蔔（切成7.5公分長）

2條芹菜（切成7.5公分長）

1小顆黃色洋蔥（去頭保留尾部，切成2.5公分扇形）

225克新馬鈴薯（洗淨對切）

6枝百里香

1360公克鹽醃牛胸肉（外國超市有販售已醃好牛胸肉）

15毫升酸黃瓜醃汁

1440毫升水

顆粒狀芥茉醬（適量）

選一個5～7公升深的慢鍋，將胡蘿蔔、芹菜、洋蔥、馬鈴薯和百里香放入鍋中。接著將牛肉帶肥肉的部分朝上放在蔬菜上方，淋上酸黃瓜醃汁。再倒入水，直到湯汁幾乎蓋過牛肉，設定「高溫」烹調4小時15分鐘（或低溫烹調8小時30分鐘），直到牛肉變軟。將甘藍放在燉好的牛肉上，再以高溫持續烹煮45分鐘（或低溫烹調1個半小時），直到蔬菜軟爛。

牛肉逆紋切薄片，淋上湯汁，搭配甘藍、沾芥茉醬食用。

註：聖派翠克節是每年的3月17日，用以紀念愛爾蘭的聖派翠克主教。

剩菜美味再升級
如果不知該如何處理剩下的牛肉，這裡分享一個秘訣：將煮熟的馬鈴薯、洋蔥和牛肉一起炒。若甘藍有剩，也可以加入拌炒，更加美味！

辣味火雞肉醬
Spicy Turkey Chili

6人份 ｜ 準備時間：15分鐘 ｜ 總烹調時間：3小時45分鐘

這是一道結合三種不同風味的辣肉醬食譜，塞拉諾辣椒（註）、阿斗波醬奇波里辣椒與辣椒粉結合後，賦予這道菜豐富的滋味、煙燻的香氣和火熱的辣度。請先試試塞拉諾辣椒的辣度，如果覺得像火燒般嗆辣的話，放一條就好。

680公克去骨去皮火雞腿（切成2.5公分塊狀）

1顆中型黃色洋蔥（切碎）

3瓣大蒜

1到2條塞拉諾辣椒或墨西哥辣椒（去籽切碎烹調用，另準備切片辣椒擺盤用）

1條阿斗波醬奇波里辣椒（切碎）

1罐整顆去皮番茄製成的番茄泥罐頭（約780克）

30公克辣椒粉

粗鹽

2罐黑豆罐頭（各435公克重，沖洗過後瀝乾）

15毫升白醋

酸奶油及新鮮西洋香菜

取一個5～7公升深的慢鍋，將火雞肉、洋蔥、大蒜、塞拉諾辣淑、奇波里辣椒、番茄、辣椒粉和5公克鹽放入。蓋上鍋蓋以高溫烹調3小時（或低溫烹調6小時），直到雞肉軟嫩。

加入黑豆煮30分鐘到豆子全熱。拌入醋，以鹽調味。上桌前撒上切片辣椒、酸奶和新鮮香菜，即可享用。

浸泡阿斗波醬的奇波里辣椒（chipotle）

奇波里辣椒就是經煙燻處理過的乾辣椒。在進口超市通常可以買到浸泡在阿斗波醬的罐頭。這種辣椒的煙燻風味，是燉菜和湯品的絕佳良伴。不過，只要一條就很夠味。請用可以重複開封的袋子裝起來，放入冷凍庫，可保存3個月！

註：塞拉諾辣椒（serrano pepper），原產於墨西哥，未成熟前是綠色的。清新爽口，比一般辣椒辣。一般多生吃。

珍珠麥蒜頭燉雞
Garlic Chicken with Barley

4人份 ｜ 準備時間：20分鐘 ｜ 總烹調時間：2小時20分鐘

口感豐富的珍珠麥（註1）與帶甜味的青豆，能喚起春天的感覺。這也是一道能從冬天跨入春天的完美菜餚。豐盛又有滿足感，承諾溫暖春天將到來！

1隻全雞（約1.6公斤到1.8公斤，切成10塊）

粗鹽與現磨黑胡椒（適量）

30毫升橄欖油

160公克珍珠麥

360毫升低鈉雞湯

60毫升白酒

1個中型黃洋蔥（切絲）

4瓣大蒜

360公克冷凍豌豆（解凍備用）

10公克新鮮切碎的龍蒿（註2）

雞肉以鹽和黑胡椒調味。取一個5～7公升深的慢鍋，最好有鐵板可將雞肉煎8～10分鐘至金黃，並把煎好的雞肉移到盤子上。如果你的慢鍋沒有這種鐵板，那麼只要把雞肉去皮即可。接著將珍珠麥、高湯、酒、洋蔥和大蒜放入鍋中，以鹽和胡椒調味。將雞肉鋪在上面，蓋上鍋蓋，設定低溫烹調2小時，直到雞肉全熟。

將豌豆、龍蒿與煮熟的珍珠麥均勻攪拌，以鹽和胡椒調味。將食材改放到大盤子上，最後鋪上雞肉，即可享用。

註1：珍珠麥（pearl barley）其實是去穀的大麥，又叫洋薏仁。無麩質，含80%澱粉，6%蛋白質及纖維素。

註2：龍蒿（tarragon），香草的一種，原產於西伯利亞，帶有微弱的茴香氣味，特別適合運用在雞、魚、蛋類料理上。

如何選購搭配燉雞的白酒

根據我的經驗法則是，用自己偏好的酒來調味。不甜的蘇維翁白葡萄酒是恰當的，會賦予燉雞酥脆的風味。若不想加入酒，用低鈉雞湯取代即可。

一只鍋，四種融和
美式燉牛肉
Pot Roast

6人份 ｜ 準備時間：15分鐘 ｜ 總烹調時間：5小時15分

燉牛肉就是要把牛肉既硬又韌的部位，燉煮到鮮嫩多汁。所以一開始就要找布滿如大理石雪花紋路的肉塊，搭配絕佳良伴胡蘿蔔和馬鈴薯一起煮。你也可以試試本書提供的其他作法。

經典美式燉牛肉
Classic Pot Roast

20公克玉米粉

180毫升低鈉雞湯

45公克番茄糊

450公克育空黃金馬鈴薯（把皮刷洗乾淨剖半）

1條大型胡蘿蔔（切成5公分塊狀）

1顆中型黃色洋蔥（切成1.2公分扇形）

30公克伍斯特醬（註1）

粗鹽和現磨黑胡椒（適量）

1塊牛肉塊（約1360公克，最好是牛肩部位，把多餘的油脂去除）

4瓣大蒜（搗碎成泥狀）

1.取一個5～7公升深的慢鍋，將玉米粉和30毫升高湯拌勻。加入剩下的高湯、番茄糊、馬鈴薯、胡蘿蔔、洋蔥和伍斯特醬。以鹽和黑胡椒調味，讓馬鈴薯均勻沾滿醬汁。

2.以5公克的鹽和2.5公克黑胡椒調味牛肉塊，並將搗碎的蒜泥抹在牛肉上，放在蔬菜上方，蓋上鍋蓋設定高溫烹調5小時（或低溫烹調8小時），直到肉軟爛可用叉子穿過。

3.取出肉逆紋切片。把蔬菜放在盤裡，撈出湯汁中的浮油。如果喜歡，可以過濾一下湯汁，淋在肉和蔬菜上享用。

註1：伍斯特醬（Worcestershire Sauce），又稱辣醬油，是一種英國調味料，味道酸甜微辣，色澤黑褐。

甘藍檸檬燉牛肉
with Broccoli Rabe and Lemon

● 左例步驟1，省略番茄糊、胡蘿蔔與伍斯特醬。加入2枝迷迭香。

● 左例步驟2，在完成烹調前20分鐘，加入340公克的球花甘藍，把蔬菜
  浸到湯汁裡繼續烹煮20分鐘。接著將蔬菜移到盤上。拌入5公克磨碎的
  檸檬皮、5毫升檸檬汁到湯汁裡。

香菇薑燉牛肉
with Shiitake Mushrooms and Ginger

● 把左例步驟1的番茄糊換成低鈉醬油、馬鈴薯換成削皮並切成2.5公分扇
  形的蕪菁。將胡蘿蔔換成225公克去梗切片的香菇、洋蔥換成60公克切
  碎的生薑。將伍斯特醬換成亞洲風的海鮮醬（註2）。

● 準備一些蔥花，上桌前擺盤用。

番薯梅子燉牛肉
with Sweet Potatoes and Prunes

● 省略左例步驟1的番茄糊。把馬鈴薯換成切成2.5公分塊狀的番薯、胡蘿
  蔔換成120公克對半切的梅子、伍斯特醬換成60毫升的紅酒。

● 在左例步驟3，將120公克對半切的梅子拌入湯汁中。

註2：海鮮醬（hoisin sauce）是中國粵菜的一種醬料，
除了麵粉、黃豆之外，也加入蒜頭、辣椒等香料。

經典美式燉牛肉
P120

122

甘藍檸檬燉牛肉
P121

香菇薑燉牛肉
P121

番薯梅子燉牛肉
P121

馬鈴薯燉培根湯
Potato and Bacon Soup

8人份 | 準備時間：20分鐘 | 總烹調時間：4小時20分鐘

當冬夜一下子就到來，又甩不掉身上的寒意時，這道湯品就是你最需要的料理。厚片培根加上營養豐富的根莖類蔬菜，塗上格呂耶爾起司烘烤成金黃色的法國麵包片浮在湯上，讓整道料理更加溫暖且充滿家的舒適感。

1條厚片培根（厚2.5公分，約110公克，去皮切成2.5公分）

450公克小型育空黃金馬鈴薯（將皮刷淨對半切）

2條韭蔥（只切除深綠色部分，切成細圓狀後洗淨）

1把中型茴香（保留住葉子部分切成1公分大小）

1/4顆野甘藍（註1）（切成2.5公分大小）

3瓣大蒜（大略切一下）

20公克粗略切過的新鮮百里香葉

粗鹽和現磨胡椒（適量）

960毫升低鈉雞湯

1440毫升水

將融化的起司塗在烤過的棍子麵包上（可選擇不加，起司可選用如格呂耶爾起司、康堤起司（註2）或薩瓦起司（註3）等）

取一個5～7公升深的慢鍋，將培根和馬鈴薯放在鍋底。把韭蔥、切好的茴香、甘藍、大蒜、百里香和10公克的鹽放碗裡拌勻後放入，加高湯和水（或足夠的水剛好蓋過蔬菜）。

蓋上鍋蓋，設定高溫烹調4小時（或低溫烹煮8小時），直到蔬菜變軟後，以鹽和胡椒調味，拌入稍早保留下的茴香葉。如果喜歡的話，可搭配起司法國麵包片。

註1：野甘藍（Savoy Cabbage），因葉片多皺摺也稱為皺葉甘藍，與高麗菜相似，稍帶苦味。

註2：康堤起司（Comté Cheese），在法國非常受歡迎的一種起司。質感綿密滑順還帶有果香，很適合搭魚和白肉。也可以融化後加入鹹派、濃湯、起司鍋和沙拉等菜餚中。

註3：薩瓦起司（Tomme de Savoie），產地僅限阿爾卑斯山的薩瓦地區（Savoie）。帶有獨特的灰棕色外皮，口感溫和微甜，帶點鮮奶味與淡淡鹹味。

馬鈴薯燉羊筋
Lamb Shanks and Potatoes

6人份 | 準備時間：20分鐘 | 總烹調時間：5小時20分鐘

芬芳的香料和甜杏醬，是充滿豐盛肉香的羊筋最完美的搭配。請肉鋪師傅，將羊筋切成適合你慢鍋的大小！

約420克壓碎番茄

45公克番茄糊

30公克杏子醬

6瓣大蒜（切薄片）

3條橘子皮

3.75克乾燥壓碎的迷迭香

2.5公克磨碎薑片

2.5公克肉桂粉

粗鹽和現磨胡椒（適量）

1.6公斤羊筋（去除多餘肥肉，切成原來三分之一的寬度）

570公克新馬鈴薯（刷淨剖半）

新鮮扁葉的西洋香菜（擺盤用）

取一個5～7公升深的慢鍋，混合番茄、番茄糊、杏子醬、大蒜、橘皮、迷迭香、薑和肉桂粉，以鹽和黑胡椒調味，再加入羊筋和馬鈴薯拌勻。

蓋上鍋蓋。設定高溫烹調5小時（或低溫烹煮8小時），直到馬鈴薯和羊筋變軟，以鹽和胡椒調味，最後撒上西洋香菜。

亞洲風燉雞

Whole Poached Chicken with Asian Flavors

4人份 ｜ 準備時間：15分鐘 ｜ 總烹調時間：2小時15分鐘

這道口味清淡卻細緻的燉雞，並非典型的家庭慢鍋料理。不過，慢鍋的低溫烹調可將雞肉燉到完美至極，不但肉嫩多汁，高湯也豐富美味。

3把青蔥

1把西洋香菜（保留枝和葉）

1隻全雞（約1.8公斤）

2根芹菜（切成5公分長度）

12朵香菇

6片生薑（切成0.6公分厚）

6顆八角

10公克黑胡椒

25公克粗鹽

1920毫升水

取一個容量5～7公升的慢鍋，放入2把青蔥和一半的香菜。疊上雞肉，加入芹菜、香菇、薑、八角、黑胡椒和鹽，以配料包圍住雞肉。加入水，蓋上鍋蓋設定高溫烹調2小時（或低溫烹調4小時），直到雞肉全熟，且以食物用溫度計測量雞肉內部達到74度。

把雞肉取出，分部位切開，雞胸肉切片，將切好的肉放在大碗中。用一個有洞孔的撈杓，撈出香菇放在碗裡。將一些湯汁淋在雞肉與香菇上，但不要撈到八角和其他食材。粗略地切一下剩餘香菜和青蔥，上桌前撒在碗中。（過濾鍋裡雞湯，留下以便其他用途使用）。

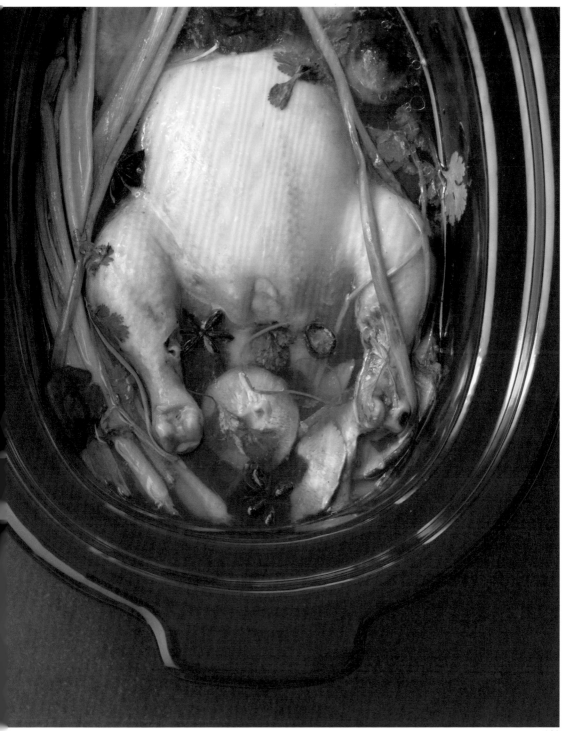

利馬豆燉火雞肉
Turkey Stew with Lima Beans

8人份 | 準備時間：15分鐘 | 總烹調時間：6小時20分鐘，不含浸泡豆子的時間

火雞肉和利馬豆（註）雖然不常搭配在一起，然而兩者卻能結合出美好的滋味。享用前撒上一些檸檬皮和幾滴檸檬汁，可收畫龍點睛之效。

280公克乾燥利馬豆（挑過、洗淨）

680公克去骨去皮火雞腿肉（切成4公分大）

粗鹽與現磨胡椒（適量）

15毫升植物油

1顆大型洋蔥（切丁）

3瓣大蒜（壓碎）

60公克不甜的白酒（如蘇維翁白葡萄酒）

360毫升低鈉雞湯

5大條檸檬皮

30毫升新鮮檸檬汁

少許檸檬塊（上桌前使用）

以冷水浸泡利馬豆一整夜後瀝乾。

以鹽和黑胡椒調味火雞肉。選一個5～7公升深的慢鍋，約花8分鐘利用附帶的鐵板將肉乾煎至帶點焦黃後取出，移到盤上。加入洋蔥和大蒜拌炒4分鐘直到洋蔥變軟，倒入酒以大火煮滾，用木湯匙攪拌並刮除黏在鍋底的肉屑，加入高湯、檸檬皮、利馬豆和火雞肉到慢鍋中。以鹽和黑胡椒調味。

若你的慢鍋沒有鐵板，直接把豆子擺入慢鍋並加入其他食材（檸檬塊和檸檬汁除外）。

蓋上鍋蓋，設定高溫烹煮6小時。直到豆子變鬆軟、火雞骨肉分離。加入檸檬汁攪拌一下，並把檸檬塊放在餐盤旁，即可上桌。

註：利馬豆（Lima Bean），原產於南美，雖有粉質的口感卻如奶油般滑細，因此也被稱為奶油豆（butter bean），營養價值極高，但不宜燉煮過久。

肉類烤盤與烘焙用烤盤
Roasting Pan & Baking Dish

肉類烤盤讓主菜和配菜可以一起烹調。而**烘焙用烤盤**可以堆疊多層次食材，是想以新方式重新詮釋傳統砂鍋菜（註）時的完美助手。烤盤最棒的地方在於烤箱包辦了大部分的工作。

基本知識

肉類烤盤與烘焙用烤盤的使用技巧雖相似，但並不完全相同。

烤肉：在高溫狀況下，以不遮蓋食材的方式烹調肉類或蔬菜。會使食物外表酥脆金黃，內部飽滿多汁。烤肉可以集中食物的香味，因此除了簡單的香料、油和鹽，不需再特別調味加強味道。當食譜提到用烤的方式進行時，可以用金屬烤盤或烘焙淺盤。

烘焙：一般用於烘焙麵包或蛋糕，但也可用來烹調多層次料理，如義大利千層麵或法式砂鍋菜等。可能會有一部分時間把食材蓋住，溫度也較烤肉低。可用玻璃或陶瓷烤盤。

烹調技巧

- 烤肉時，注意別讓食材擠在一起。食材中間請留點空間，否則會有蒸氣，導致食材外層不夠酥脆。烘烤時，偶爾用攪拌匙或杓子翻動食物，均勻烘烤。

- 把蔬菜切成一樣大小，才能均勻烤熟。

- 烤肉前請讓肉品的溫度回到室溫狀態。尤其是烤肉前要從冰箱拿出來解凍，視肉類的大小在室溫中放置1～2小時。

- 以食物用溫度計測量肉類的溫度，以判斷內部是否煮熟。

- 烤肉完後的「放置時間」：從烤箱取出後，最好在室溫中放置10～20分鐘。這段時間能以肉的餘溫繼續烹煮，也可以在切片前讓肉汁重新分配到整塊肉裡。

註：法國砂鍋（casserole），又稱法國烤鍋。容量大且深，一般以陶瓷或玻璃製成，可放入烤箱，也可直接上餐桌。砂鍋菜一般泛指利用砂鍋烹調而成的料理。

肉類烤盤

請購買長寬「大於或等於」30～41公分左右，高7.6公分左右的烤盤。這樣的大小，剛好可以烤中型的肉塊，外加蔬菜配菜與節慶時需要大型火雞，同時也可以盛裝肉汁。扎實沉重的金屬烤盤，即使在高溫下也不會變形，又可均勻將肉類煎黃。真正品質好的厚重烤盤，也可以直接放在火爐上，方便製作肉汁。兩邊的手把方便捉握，用釘子嵌住的手把，最為牢固。

烘焙淺盤

很多餐廳都備有這種有邊的烘焙淺盤。不過，每個家庭也都需要它。大型的烘焙烤盤約33～45公分，又稱為淺盤（half-sheet pan），因為與肉類烤盤相比，烤盤高度約只有一半。淺盤的設計對於乾烤食材、清洗與之後的食物保存更優於肉類烤盤。請購買較厚材質，避免高溫變形。

陶瓷烤盤

這是最常見也最實用的烤盤。通常有兩種尺寸：一種長型烤盤（長33公分，寬23公分），一種方型烤盤（20公分見方）。第一種又被稱為「義大利千層麵烤盤」。不論是陶瓷烤盤還是玻璃烤盤，功能相差不多。這種烤盤可以直接從烤箱端上桌，因此選擇你喜歡的樣式最重要。

蘆筍馬鈴薯烤羊肉

Lamb with Asparagus and Potatoes

8人份 ｜ 準備時間：35分鐘 ｜ 總烹調時間：3小時

這是一道不論任何場合都能優雅上菜的料理。不過，不必等到特殊場合再做，今天就來試試看吧！育空黃金馬鈴薯是最合適的配菜，因為烘烤時能夠維持住原形不走樣。

2顆檸檬（取寬條檸檬皮切碎，並榨取檸檬汁）

1整顆大蒜（壓碎）

30公克新鮮切碎的迷迭香

120毫升特級初榨橄欖油

1.8公斤無骨羊腿肉（以線綑綁，線間隔2.5公分）

粗鹽與現磨黑胡椒（適量）

900公克小型育空黃金馬鈴薯（削皮）

1把蘆筍（去尾）

將檸檬皮、檸檬汁、大蒜和迷迭香拌在碗中，再倒入90毫升的油。羊肉以鹽和黑胡椒調味。把碗中調好的醬汁和羊肉放入一個大型可封口的塑膠袋中，盡量擠出內部空氣後封好，稍微醃一下。醃漬過程中轉動幾次塑膠袋，確定羊肉醃漬均勻。將羊肉放在室溫約1小時（或冷藏一整晚）。中途倒置塑膠袋。

預熱烤箱到240度。（如果羊肉醃了一整夜，則在烹調前一小時把羊肉從冰箱取出）。混合30毫升的油和馬鈴薯，並以鹽和黑胡椒調味。接著將馬鈴薯放到烤盤上，烘烤20分鐘。

從醃醬中取出羊肉，加些鹽和黑胡椒。把馬鈴薯圍住羊肉和醃醬，繼續烘烤15分後將烤箱溫度降至150度，再烤40分鐘。加入蘆筍並均勻沾上烤盤上的醬汁後，再烤20分鐘，直到羊肉烤到5分熟。（這時以食物溫度計測量，羊肉內部應有54度。）

取出烤好的肉，以鋁箔紙把羊肉蓋好。先放置20分鐘，再開始切片享用。如喜歡吃全熟蔬菜，可以趁肉類的放置時間把蔬菜放回烤箱再烤一下。

番茄烤鱸魚
Broiled Striped Bass with Tomatoes

4人份 | 準備時間：15分鐘 | 總烹調時間：30分鐘

當你想要做快速又簡單的料理，請利用烤箱的「燒烤功能」，能達到如同用「烤架烤肉」一樣的效果。不同的是，烤箱的熱源來自上方，而且不像在戶外烤肉要看天氣的臉色，不論晴雨都能享用美味的烤肉！

680公克無刺鱸魚片

10公克磨碎大蒜

5公克乾燥奧勒岡葉

10公克切碎檸檬皮（外加15毫升新鮮檸檬汁上桌前使用）

粗鹽及現磨黑胡椒（適量）

45毫升特級初榨橄欖油

1株球莖茴香（註1）（橫切薄片，保留莖和60公克的葉子）

470公克櫻桃番茄或聖女番茄

120公克鹽水醃漬的黑橄欖，如卡拉馬塔橄欖（註2）

以烤箱的燒烤功能預熱烤箱。注意把烤盤放在離熱源20公分左右的高度。在魚片上用刀子斜畫出切痕，每條切痕間距約5公分，深度約0.6公分。在魚片上下兩面均勻塗抹上大蒜、奧勒岡葉、檸檬皮和檸檬汁、5公克鹽、1公克黑胡椒和30毫升的油，注意要塗進切痕裡。將茴香縱切擺在烤盤中間，鋪上魚片，注意魚片有切痕的一面朝上。

混合切片的茴香、黑橄欖、番茄、其餘的油、2.5公克的鹽與1公克的黑胡椒，均勻地包圍住魚片，烤8～10分鐘，待魚片呈現不透明狀而蔬菜開始變色。（如果蔬菜開始變焦黑，蓋上一層鋁箔紙。）將魚片與蔬菜分成四盤，利用稍早保留下的茴香葉擺盤後即可上桌。

註1：球莖茴香（fennel bulb），也叫做甘茴香或佛羅倫斯茴香（Florence fennel）。有很濃的八角味，跟洋蔥一樣烤起來會有甜味。

註2：卡拉馬塔橄欖（Kalamata），原產於希臘，有橄欖之王的美譽。滋味濃郁不帶澀味。

培根甘藍烤豬排

Pork Chops with Bacon and Cabbage

4人份 ｜ 準備時間：40分鐘 ｜ 總烹調時間：40分鐘

這道菜的靈感來自於一道頗受歡迎的義大利菜：奶焗豬排。只不過我們的
是簡易版。以同一個烤盤，一起烘烤豬排和蔬菜。把它當作你的療癒美食
新歡吧！

30毫升特級初榨橄欖油

4片帶骨豬排

2條培根（切片）

1顆黃洋蔥（切成1.2公分長條狀）

1顆綠甘藍（約1135公克，去菜心切成8塊）

45公克中筋麵粉

720毫升全脂牛奶

預熱烤箱到200度。取一個大型烤盤（約占兩個火爐），放在爐上以大火加熱。將豬肉以鹽
和黑胡椒調味。放在熱好的烤盤上乾煎3～5分鐘至兩面煎黃，翻面多煎1分鐘移到盤子上。

調中火。加入培根煎5分鐘至酥脆金黃後，放入洋蔥拌炒5分鐘到變軟。放上甘藍，有切痕
的那面朝下炒6分鐘至蔬菜稍帶焦黃。倒入牛奶，不斷攪拌，需花4分鐘直到牛奶變稠。以
鹽和黑胡椒調味，將豬排浸入醬汁中。接著放入烤箱烘烤約10分鐘，直到豬排全熟即可。

選購豬排

現在的豬肉要比10年前更安全、更瘦。這是好消
息。不過，瘦也意味著肉在烹調時容易乾澀。所以
盡量選購帶骨的厚片豬排，因為這樣容易保留肉
汁，也不容易煮過頭。

香草檸檬烤扁雞
可以加入紅椒粉與以鹽調味的
大蒜薄片做變化，或是以馬鈴
薯薄片取代本食譜中的麵包。

香草檸檬烤扁雞

Spatchcocked Chicken with Herbs and Lemon

4～6人份 | 準備時間：25分鐘 | 總烹調時間：1小時

這種把雞壓扁聽起來很好玩的技巧，真的會產生極端美味的效果呢！把整隻立體的雞壓扁，可以在30分鐘之內均勻烤熟一隻全雞！（烤全雞一般要花1.5個小時）麵包是最佳的配菜。

1隻全雞（1.6到1.8公斤）

45公克無鹽奶油（請回溫到室溫）

7.5公克海鹽，如馬爾頓海鹽（註）

8片鄉村麵包（切成2公分厚片）

240公克新鮮泰式羅勒葉（或一般羅勒葉）

240公克新鮮薄荷葉

1顆檸檬（對切）

預熱烤箱到220度。雞肉胸部朝下平放在料理台上，以大型尖銳的剪刀從尾錐部分開始，避開骨頭從背骨右邊順著背部剪開。把雞肉轉過來，同樣順著背骨的另一邊剪開，如此可以把整支背骨取出（可留著背骨煮高湯）。像打開一本書，將整隻雞翻過來再壓扁，用30公克的奶油塗抹雞肉表面，然後再撒上鹽調味。

其餘奶油均勻抹在麵包片上，有奶油的一面朝上。接著直接把雞肉放在麵包片上，灑上羅勒葉與薄荷葉（留下少許上桌前點綴用），烘烤30～35分鐘，直到雞肉呈現金黃色，並以食物溫度計確定最厚的雞胸肉內部溫度在70度左右。

從烤箱移出雞肉後在烤盤上放置10分鐘。挑出香料，淋上檸檬汁。將雞肉切塊，與麵包一起放在大盤上，再淋上烤盤中的醬汁即可享用。

註：馬爾頓海鹽（Maldon Sea Salt），源自於英國，有白鑽之稱。為片狀結晶海鹽，回甘不死鹹，有特殊的清脆口感，可以帶出食材原有的甜味。

甘藍烤鮭魚

Salmon with Cabbage and Kale

4人份 | 準備時間：10分鐘 | 總烹調時間：25分鐘

你可能沒想過也可以烤綠色蔬菜。但其實高溫烘烤具有神奇的效果，能提升蔬菜的美味。將鮭魚與綠色蔬菜一起烤，最後淋上檸檬醋醬。

1把托斯卡尼羽衣甘藍（註）（去除硬莖與骨，葉子切成細薄片）

半顆野甘藍（去菜心切片）

90毫升橄欖油（備用）

粗鹽與現磨黑胡椒（適量）

4片無骨鮭魚片（每片約重110～170公克）

5公克切碎檸檬皮

30毫升新鮮檸檬汁

60公克新鮮蒔蘿（切碎）

5公克法式第戎芥茉醬

預熱烤箱到230度。取一個烘焙淺盤，將羽衣甘藍與野甘藍鋪在盤上，以30毫升的油、鹽和黑胡椒調味。注意鋪菜時要均勻擺放。送入烤箱烘烤6分鐘。稍微翻動蔬菜。鮭魚以鹽和黑胡椒調味，放在蔬菜正中央。繼續烘烤10分鐘，直到鮭魚全熟。

同時，將檸檬皮與檸檬汁、蒔蘿、芥茉和60毫升橄欖油一起拌勻，做成自製的檸檬醋醬，以鹽和黑胡椒調味。在蔬菜和魚上桌前，淋上檸檬醋醬，即可享用。

註：托斯卡尼羽衣甘藍（Tuscan Kale），羽衣甘藍的一種，因葉子偏黑也稱作黑甘藍。通常醃製成酸菜，用來燉肉，或者搭配烤香腸。

普羅旺斯烤蔬菜
Provençal Vegetable Tian

8人份 | 準備時間：20分鐘 | 總烹調時間：1小時25分鐘

利用這道蔬食料理來展現豐富的夏日花園吧！只要切片和堆疊，蔬菜就會巧妙地結合在一起。帶點嚼勁的麵包是最佳的配菜！

90毫升特級初榨橄欖油

1大條韭蔥（切除深綠色部分，切碎洗淨）

1顆育空黃金馬鈴薯（切成0.6公分厚片）

粗鹽與現磨黑胡椒（適量）

1顆小茄子（去頭切成0.6公分厚片）

1條大櫛瓜（切成0.6公分厚片）

3顆牛番茄（註）（切成0.6公分厚片）

60公克鹽水醃漬黑橄欖（切片）

10公克新鮮百里香葉（外加3枝百里香擺盤用）

預熱烤箱到230度。選一個烘焙淺盤，長約33公分、寬約22公分。抹上15毫升的橄欖油。把一半的韭蔥、一半的馬鈴薯放上烤盤，再以2.5公克的鹽和少許黑胡椒調味。接著鋪上一半的茄子、一半的櫛瓜、一半的番茄，以2.5公克的鹽和黑胡椒調味。再將橄欖與一半的百里香葉錯落撒於蔬菜上。淋上30毫升的油。重複堆疊與調味剩下的蔬菜。最後淋上45毫升橄欖油與百里香枝，用鋁箔紙稍微蓋住。

放入烤箱烘烤20分鐘，拿開鋁箔紙，用木杓用力壓擠蔬菜再繼續烘烤45分鐘，直到馬鈴薯烤熟，邊緣呈現焦糖色。取出烤箱後冷卻10分鐘即可享用。

註：牛番茄（beefsteak tomatoes），目前人工培育番茄品種中最大的品種，常用於需要大片番茄的料理，如三明治等。

南瓜烤牛肉
Roast Beef with Acorn Squash

6～8人份 | 準備時間：15分鐘 | 總烹調時間：1小時15分鐘

讓一層美味的奶油包覆軟嫩的牛里肌肉吧！這個烹調技巧適用於肉類、魚類與蔬菜。節慶或週末夜，別忘了端出這道大菜！

1.6公斤牛里肌脊肉（以棉線將肉繞圈綑綁，線間隔5公分）

粗鹽與現磨黑胡椒（適量）

60公克無鹽奶油（回溫至室溫）

45公克顆粒芥茉醬

15公克第戎芥茉醬

2顆小條橡實南瓜（註1）（去籽切2.5公分塊狀）

1球皺葉菊苣（註2）（用手撕開）

120公克新鮮西洋香菜

15毫升雪莉醋

30毫升特級初榨橄欖油

讓牛肉在室溫中放置1小時，以廚房紙巾吸乾水分。預熱烤箱到220度。牛肉以黑胡椒和鹽調味。將3湯匙的奶油和兩種芥茉醬攪拌在一起，均勻塗抹在牛肉上。

將牛肉放在烘焙淺盤上，以橡實南瓜圍住牛肉，將其餘的奶油抹在南瓜片上，撒上少許鹽和黑胡椒。放入烤箱烘烤30～40分鐘（烤肉所需時間依肉的厚度與大小有所不同），直到利用食物溫度計測量肉中心為54度（即三分熟）或60度（五分熟）。烤到一半時，可將南瓜翻面。烤完後，放置15分鐘再切片。

將菊苣、西洋香菜、南瓜、醋和油拌在一起，以鹽和黑胡椒調味，搭配牛肉、綠色蔬菜、南瓜一起食用。

註1：橡實南瓜（Acorn squash）冬季盛產，外殼有明顯的縱脊，果肉鮮甜。含有豐富的胡蘿蔔素和維他命B。

註2：皺葉菊苣（frisee），也稱作綠捲鬚生菜、法國捲心葉。稍具苦味。

一只鍋，四種酥脆
烤雞
Roast Chicken

4人份 | 準備時間：15分鐘 | 總烹調時間：1小時10分鐘

經典烤雞美味地令人食指大動，但其實想要做出美味的烤雞，並不需要偏離傳統作法太遠，只需要改變香料和蔬菜，就能帶來完全不同的風味。

奶油香料烤雞
Roast Chicken with Herbs Butter

2顆檸檬

22.5公克無鹽奶油（回溫至室溫）

15公克新鮮切碎的西洋香菜

15公克新鮮切碎的蒔蘿

粗鹽（適量）

1隻全雞（約1.8～2.2公斤）

800公克褐皮馬鈴薯（洗淨，帶皮切成2.5公分塊狀）

15毫升特級初榨橄欖油

1. 預熱烤箱到220度。削一點檸檬皮備用，再將檸檬切成四塊。混合碎檸檬皮、奶油、西洋香菜、蒔蘿與10公克的鹽。將雞皮切個小洞，把奶油香料塞入皮層內。把兩隻雞腿綁在一起，翅膀塞進身體裡，放在烘焙淺盤上。
2. 以橄欖油拌一下馬鈴薯塊，以鹽調味，用馬鈴薯圍住雞肉，送入烤箱烘烤20分鐘。
3. 把馬鈴薯翻面，將檸檬塊放在烤盤上。繼續烤25～35分鐘，直到利用食物溫度計測量雞腿內側時溫度達到73度。取出烤箱後，放置10分鐘再吃。將烤盤上的馬鈴薯放回烤箱烘烤10分鐘直到金黃。

時間是一切

要將雞肉烤得均勻，務必確定放入烤箱時雞肉在「室溫」狀態。如果是從冰箱冷藏取出，必須多在室溫放1小時才行。另外，取出烤箱時，必須讓雞肉稍微放涼。別省略這一個步驟，這10分鐘可以使雞肉裡的肉汁重組，不會集中在特定區塊，進而營造多汁鮮嫩的口感。

紅椒大蒜烤雞
with Paprika and Roast Garlic

● 左例步驟1，將雞肉抹上15毫升的橄欖油，把奶油香料換成混合15公克紅椒粉、2.5公克乾燥奧勒岡葉和15公克粗鹽的抹醬。並均勻抹在雞皮裡。

● 左例步驟2，省略馬鈴薯，改用2條大型胡蘿蔔並切成5公分長度，以及2個中型番薯，切成2公分的塊狀。

● 左例步驟3，將檸檬換成1整顆大蒜，從中間切半，與15毫升橄欖油拌在一起。如有需要，可以將雞肉以鋁箔紙罩住避免烤焦，也可以在上桌前，淋上淺盤中的醬汁再食用。

蔥薑萊姆烤雞
with Scallion, Ginger, and Lime

● 左例步驟1，捨奶油香料改以自製的「醃料」取代。此醃料的作法是：將45毫升植物油、8條切碎青蔥、60公克削皮切碎的薑、4瓣大蒜、5公克萊姆皮和15公克粗鹽放入食物調理機打成膏狀。把一半的醃料，抹入雞皮中。

● 左例步驟2，不使用馬鈴薯，改以歐洲防風草取代，洗淨切成7.5公分塊狀。

● 左例步驟3，將檸檬以340公克球芽甘藍取代，對切，並拌入15毫升的植物油。以鹽和黑胡椒調味，可沾其餘醃料一起食用。

檸檬西洋香菜烤雞
with Lemon and Parsley

● 左例步驟1，省略奶油香料。以鹽調味雞肉。把80公克切碎的西洋香菜、120毫升特級初榨橄欖油、半顆檸檬擠出的檸檬汁和檸檬皮碎片、120公克帕馬森乾酪絲攪拌在一起。放在一旁備用。

● 左例步驟2，將褐皮馬鈴薯以新馬鈴薯取代。洗淨，對切。

● 左例步驟3，將檸檬以1小把蘆筍取代，以鹽、黑胡椒和橄欖油替蘆筍調味。在雞肉烤好拿出來休息時，把事先備好的醬料，淋在雞肉和蔬菜上，待放置時間結束，即可享用。

奶油香料烤雞
P150

紅椒大蒜烤雞
P151

蔥薑萊姆烤雞
P151

檸檬西洋香菜烤雞
P151

庫斯庫斯烤辣味鱈魚
Spiced Cod with Couscous

4人份 | 準備時間：15分鐘 | 總烹調時間：35分鐘

只要做一次這道菜，我保證它會成為你餐桌上的常客。作法再簡單不過，
只要將烤過的鱈魚放在庫斯庫斯米上食用，這樣不但好看又美味！

5公克磨碎的西洋香菜

2.5公克紅辣椒粉

2.5公克小茴香粉

粗鹽和現磨黑胡椒（適量）

300毫升水

225公克胡蘿蔔（約4條中型胡蘿蔔，先將每條蘿
蔔從中剖開，切成4塊細條狀再斜切）

120公克杏仁片

120公克葡萄乾

240公克庫斯庫斯米

120公克新鮮切碎的薄荷葉（多備擺盤用）

4片無刺鱈魚肉（各170公克）

檸檬塊（食用前使用）

預熱烤箱到220度。把西洋香菜、紅椒粉、小茴香、2.5公克的鹽與1公克的黑胡椒混在一
起。選用一個長方形烤盤（大約是長33公分、寬23公分）。均勻攪拌水、胡蘿蔔、庫斯庫
斯、杏仁片、葡萄乾、薄荷、油、7.5公克的鹽和1公克黑胡椒。

將鱈魚放在庫斯庫斯上，然後淋上香料混合醬，用一張大鋁箔紙蓋好烤盤，送入烤箱烘烤
20分鐘，直到鱈魚呈不透明狀。

用叉子翻鬆庫斯庫斯，把米和魚肉放在盤子上。撒上薄荷葉，佐以檸檬塊即可上桌。

魚肉萬歲
腥味不重的鱈魚，可說是萬能
的料理食材，鱈魚可以搭配任
何你想用的香料。以鮭魚片取
代，也能與此道料理的香料完
美搭配。

南瓜洋蔥烤香腸
Sausage with Acorn Squash and Onions

4人份 | 準備時間：10分鐘 | 總烹調時間：30分鐘

英國有道傳統名菜叫「肉腸薯泥（註1）」。而我這道菜稍有變化，是香腸與橡實南瓜。加點味道稍重的起司，可以平衡南瓜和櫻桃乾的甜味。

1顆大型橡實南瓜（去籽切成1.2公分厚片）

1顆紅洋蔥（切成0.6公分塊狀）

45毫升橄欖油

粗鹽與現磨黑胡椒（適量）

4條辣味或甜味的義大利香腸（約340公克）

56公克艾斯阿格起司（註2）

15公克新鮮切碎的鼠尾草葉

60公克櫻桃乾（切碎）

預熱烤箱到220度。拌勻南瓜和油，平鋪在烘焙淺盤上，撒上鹽和黑胡椒調味。再疊上香腸，送入烤箱烘烤15～18分鐘，直到蔬菜變軟。

選擇烤箱的「燒烤功能」，將烤盤放在離烤箱熱源20公分處。撒上艾斯阿格起司和鼠尾草熱烤3分鐘，直到起司呈金黃色、香腸烤熟、食材滾動冒泡。最後以乾櫻桃妝點即可上桌。

有關橡實南瓜

口味溫和，又帶有堅果香的橡實南瓜，盛產於秋天和初冬時期。不像其他種類南瓜，皮薄可食，因此無需削皮。順著南瓜脊線切薄片，可使南瓜片美麗如花瓣。

註1：肉腸薯泥（Bangers and mash），其實就是香腸與馬鈴薯泥的組合，食用前淋上肉汁。據傳可能發源自肉類短缺的第一次世界大戰。

註2：艾斯阿格起司（Asiago Cheese），原產於義大利。顏色偏茶褐色，質地扎實略有嚼勁，口感溫和而甘醇。略帶鳳梨果香及堅果香氣。

墨西哥風千層麵

Mexican-Style Lasagna

4人份 ｜ 準備時間：20分鐘 ｜ 總烹調時間：1小時20分鐘

把義大利千層麵換成墨西哥玉米餅，番茄醬換成墨西哥莎莎醬，並加入豆子和新鮮菠菜，就是一道大家都愛的料理！

240公克新鮮西洋香菜葉

4條青蔥（粗略切段）

粗鹽與現磨黑胡椒（適量）

280公克新鮮嫩菠菜葉

8片墨西哥玉米餅（直徑約15公分）

435公克斑豆（註1）（洗淨瀝乾）

240公克小辣或中辣莎莎醬

225克辣傑克起司（註2）（用刨絲器磨成絲狀）

食用植物油噴霧（註3）

預熱烤箱到220度。將青蔥、西洋香菜、5公克鹽、1公克黑胡椒放入食物處理器中，並將剩餘空間塞滿菠菜，以「間歇運轉功能」打碎食材。接著分批加入其餘的菠菜，直到食材呈粗泥狀態。

取一個20公分的方形烤盤，以食用油噴霧均勻噴灑烤盤，可避免食物沾黏。把4片玉米餅鋪在盤底。若有些許重疊也沒關係。接著鋪上一半的斑豆、莎莎醬、菠菜泥和辣傑克起司，接著重複一樣的流程，再鋪一層玉米餅、菠菜泥，最後是起司，然後稍微把千層麵輕輕往下壓。

用鋁箔紙蓋住烤盤，放在一個大的烘焙淺盤上，放入烤箱烘烤25～30分鐘，直到食材沸騰翻滾，此時將鋁箔紙拿掉，繼續烤15～20分鐘，直到表面呈金黃色。取出烤箱後，冷卻5～10分鐘再享用。

註1：斑豆（pinto beans），富含高纖維、優質蛋白質與維生素B，是美國相當普遍的豆類食材之一。

註2：辣傑克起司（pepper jack cheese），美國原創起司，含墨西哥辣椒，可創造菜餚的多層次口感。

註3：食用植物油噴霧（vegetable cooking spray），美國流行的噴霧包裝食用油，瓶口有噴頭。能讓平底鍋或烤盤上均勻噴灑一層油避免沾黏食物，非常方便。

事先準備！

你可在第一天就先把麵組裝起來，用鋁箔紙蓋好放在冰箱裡。要食用前，直接把蓋著鋁箔紙的烤盤放入烤箱烘烤。但因為從冰箱拿出溫度較低，記得烘烤第一階段時，多烤5～10分鐘。

托斯卡尼烤豬肉
Tuscan Pork Roast

6人份 | 準備時間：20分鐘 | 總烹調時間：1小時45分鐘

只要簡單的香料，就可以為每一口烤豬肉帶來美好的滋味。活用食物溫度計能避免過熟乾澀。剩下的肉，更可以作好吃的三明治！

1360公克無骨豬肉（用食物專用線綁好）

粗鹽與現磨黑胡椒（適量）

10公克茴香籽

10公克西洋香菜籽

10公克黑胡椒

特級初榨橄欖油（適量）

2株大型球莖茴香（切半再切成1.2公分的塊狀）

4瓣大蒜

8顆中辣新鮮辣椒，如義大利櫻桃椒

（註）（對半切或使用整條）

240公克綜合橄欖

把豬肉從冷藏取出，在室溫下放置30分鐘後，以5公克的鹽均勻抹在整塊豬肉上。把茴香籽、西洋香菜籽和黑胡椒用研缽磨碎，磨好的香料粉也塗抹在豬肉上。預熱烤箱到220度。

大方地在豬肉上抹油，放在烤盤上送入烤箱烘烤15分鐘，直到肉滋滋作響。

接著降低烤箱溫度到190度，拌勻茴香、大蒜、新鮮辣椒和一點油，並以鹽和黑胡椒調味。從烤箱取出豬肉鋪上蔬菜，並留意不要重疊。

用油刷一下豬肉，繼續烘烤30分鐘，直到利用食物溫度計測量肉中心顯示為62度，且蔬菜烤到金黃變軟。在烤箱時間剩5分鐘時，將橄欖放進去。烤完後讓豬肉放置15分鐘再切片。把茴香、辣椒和橄欖拌在一起作為配菜，和豬肉一起享用。

註：義大利櫻桃椒（Italian Cherry Pepper），外形呈果實球狀，果色有紅、黃、紫等，辣味強。

鑲烤番茄
Stuffed Tomatoes

6人份 ｜ 準備時間：15分鐘 ｜ 總烹調時間：55分鐘

拌勻鮪魚和白豆後塞入番茄中（哈密瓜專用金屬挖杓很適合去番茄籽）。再撒上混合好的麵包粉與乳酪絲，放進烤箱烤到金黃酥脆，成品實在再誘人不過！

240公克新鮮麵包粉

120公克帕馬森乾酪絲

15毫升橄欖油

粗鹽與現磨黑胡椒（適量）

6顆中型番茄

430公克白豆（用水沖過瀝乾）

5公克大蒜（切碎）

10公克法國第戎芥茉醬

10公克切碎檸檬皮

5毫升新鮮檸檬汁（備用）

140公克油漬鮪魚罐頭（油瀝乾，鮪魚剝絲）

預熱烤箱到220度。在碗中拌勻120公克麵包粉、60公克帕馬森乾酪、油、鹽和黑胡椒。

連同蒂頭將整顆番茄切掉四分之一，挖出番茄籽與果肉，以鹽和胡椒調味。去番茄籽，留下約60公克的番茄果肉切碎備用。

把白豆搗成泥，拌入切碎的番茄果肉、其餘的120公克麵包粉、60公克帕馬森乾酪絲、大蒜、芥茉、檸檬皮和檸檬汁。輕輕攪拌鮪魚和白豆泥，以鹽和黑胡椒調味。

將挖空的番茄放在烤盤上，平均塞入鮪魚白豆餡，讓餡料稍微溢出番茄。最上面撒上麵包粉與乳酪絲。用一張鋁箔紙蓋上，放進烤箱烘烤30分鐘到番茄變軟。拿掉鋁箔紙再烤5～10分鐘，直到起司配料呈現金黃色後取出，立即享用。

鮪魚二三事

我的食譜通常會建議購買「用油保存」的鮪魚，
原因在於油漬鮪魚跟水漬鮪魚相比，肉質的滋潤
度與風味都較佳。油也將鮪魚的豐富滋味與其他
食材巧妙地結合在一起。

烤豬肉佐歐洲防風草和番薯
Pork with Parsnips and Sweet Potatoes

4人份 ｜ 準備時間：20分鐘 ｜ 總烹調時間：45分鐘

豬腰肉需要的熟成時間較短，又能與許多不同配菜搭配出絕佳滋味。這道菜裡我們把豬肉以黑糖和紅椒先醃過，搭配帶點辛辣口感的薑與甜椒更美味。

1顆大型番薯（削皮對切後再切成1.2公分厚片）

3顆大型歐洲防風草（對切成5公分厚片）

5公克削皮切碎的薑

45毫升橄欖油（多備一點上桌前用）

30公克黑糖

1.5公克紅椒

1條豬腰肉（約450公克，去除多餘肥肉和筋膜）

粗鹽（適量）

1把西洋菜（註）（去根）

檸檬塊（上桌前備用）

預熱烤箱到250度。把番薯、歐洲防風草、薑和橄欖油均勻地鋪在烘焙淺盤上。整塊豬肉抹上黑糖和紅椒後放在蔬菜上。撒上鹽調味後，放入烤箱烘烤20～22分鐘，直到利用食物溫度計測量豬肉中央的溫度為63度。把豬肉移出烤箱，放置10分鐘。

把西洋菜和烤盤裡熱熱的蔬菜拌在一起，淋上備用的橄欖油，以鹽調味。將豬肉切片，搭配烤盤裡的肉汁、沙拉和檸檬塊一起食用。

關於歐洲防風草

這種冬季蔬菜看起來很像胡蘿蔔，因為事實上兩種蔬菜系出同門。不過，歐洲防風草比較適合煮熟食用，不像胡蘿蔔生吃就很美味。歐洲防風草帶有堅果甜味，不但富含纖維，卡路里也更低。

註：西洋菜（watercress），又名水田芥。原產於歐洲，營養成分高，富含維他命A、C、D，口感脆嫩，微苦。

烤馬頭魚佐馬鈴薯和酸豆
Roast Tilefish with Potatoes and Capers

4人份 | 準備時間：15分鐘 | 總烹調時間：55分鐘

把這道菜當成「烘烤版」的英式炸魚薯條吧！這道菜最耗時的是將馬鈴薯切片，不過如果你有切片機或其他可調整的切菜機，就能省掉很多時間！

900公克育空黃金馬鈴薯（削皮）

75公克無鹽奶油（融化成液狀，多備些烤盤上用）

粗鹽與現磨黑胡椒（適量）

2瓣大蒜（切碎）

3～4湯匙酸豆（註1）（沖洗瀝乾）

2片不帶皮的馬頭魚片（註2）（每片約340克重。若無馬頭魚，可用其他白身魚片取代，從中間剖半）

60公克新鮮切碎的西洋香菜

預熱烤箱到230度。以利刀或切片機，把馬鈴薯切成約0.15公分的極薄片。

選一個長方形烤盤（長約33公分，寬約23公分），在表面均勻刷上一層奶油，避免食物沾黏，把三分之一的馬鈴薯排列在烤盤上，稍微重疊也無妨。再將已融化的奶油刷在馬鈴薯表面，以鹽和黑胡椒調味。放上三分之一的大蒜和一半的酸豆，接著重覆同樣過程，鋪上第二層馬鈴薯。最後把剩下的馬鈴薯鋪在最上方，在表面刷上融化的奶油，最後再以鹽和黑胡椒調味。

以鋁箔紙蓋住烤盤，放入烤箱烘烤16～18分鐘，直到馬鈴薯開始變色後，移除鋁箔紙，再繼續烤10分鐘，這次要烤到馬鈴薯的邊緣呈金黃色。

同時，將魚片浸入所剩大蒜和奶油中，以鹽和黑胡椒調味後，放在馬鈴薯片上烤10分鐘，到魚片整個烤熟，撒上西洋香菜即可上桌。

註1：酸豆（caper），原產於地中海。帶有清爽的香氣與酸味，常與海鮮一起料理，能帶出鮮甜口感。也可與肉類一同食用，增加清爽口感。

註2：馬頭魚（tilefish），也稱為方頭魚。生長在深50～200公尺海域，因頭型酷似馬頭而得名。肉質鮮嫩，口感清甜，無細小魚刺。

起司烤雞佐番茄和橄欖

Chicken with Tomatoes, Olives, and Feta

4人份 | 準備時間：10分鐘 | 總烹調時間：1小時

在晚餐時間，以這道菜帶家人置身充滿陽光的地中海岸吧！料理食材中的番茄、橄欖、橄欖油和新鮮香草，是地中海知名健康飲食的特色。

8隻帶骨雞腿（約1135公克）

45毫升特級初榨橄欖油

470公克聖女番茄（垂直對切）

120公克去籽西班牙橄欖

6顆中型紅蔥（垂直對切）

3枝百里香

粗鹽與現磨黑胡椒（適量）

碎費塔起司與新鮮薄荷葉（上桌前備用）

預熱烤箱到180度。把雞肉、油、番茄、橄欖、紅蔥和百里香放入大碗中拌勻，再加點鹽和黑胡椒。將食材放到烤盤上，雞腿帶皮部位朝上，其他食材均勻鋪上。放入烤箱烘烤約35～40分鐘，直到利用食物溫度計測量雞肉內部達到74度。

把雞肉放在盤子裡，用鋁箔紙蓋好。接著把蔬菜放入烤箱再烤10分鐘，直到蔬菜有些部分烤到帶點焦黃。將蔬菜、湯汁和雞肉放在一起，以鹽和黑胡椒調味，最後撒上費塔起司與薄荷，即可享用。

蔬菜烤肋眼牛排
Rib Eye with Root Vegetables

4～6人份 | 準備時間：10分鐘 | 總烹調時間：25分鐘

試試肋眼牛排，來頓難以忘懷的晚餐吧！這個部位的肉價位高，不過自己料理比上餐館品嚐要划算多了。最後佐以辣根奶油，就可完美上桌！

1顆大型芹菜根（去皮剖半再切成0.6公分的薄片）

2條大型胡蘿蔔（切薄片）

15毫升特級初榨橄欖油

2片無骨肋眼牛排（每片450公克，3.2公分厚，去除多餘肥肉）

粗鹽與現磨黑胡椒（適量）

15公克無鹽奶油（回溫至室溫）

10公克辣根（註1）

5公克第戎芥茉醬

60公克新鮮切碎的細香蔥（註2）

設定烤箱的燒烤功能，由於無法設定溫度，請把烤架高度調整到離熱源20公分處。選用一個烘焙淺盤，將芹菜根、胡蘿蔔和油攪拌後均勻鋪在烤盤上。把牛排多餘的水分吸乾，疊在蔬菜上，以鹽和黑胡椒調味。放入烤箱熱烤約8～10分鐘，別忘了中間要將牛排翻面。直到蔬菜烤軟，牛排表面焦黃。取出牛排，用鋁箔紙蓋好放置10分鐘。

同時，均勻攪拌奶油、辣根和芥茉，以鹽和黑胡椒調味，抹在牛排上再撒細香蔥即可。

註1：辣根（horseradish），又稱山蘿蔔。具有刺鼻的香辣味，但又不如山葵般嗆辣。歐洲國家多作為搭配烤牛肉等料理的佐料。

註2：細香蔥（chives），又稱蝦夷蔥、小蔥。為亞洲常見香料植物，與洋蔥和大蒜相比，香氣較淡，常作為調味用配菜。

烤鮭魚佐甘藍和馬鈴薯

Mustard Salmon with Cabbage and Potatoes

4人份 | 準備時間：10分鐘 | 總烹調時間：50分鐘

有些料理簡單易做，還有其他料理是「超級簡單」。這道菜屬於後者！你只需幾樣高品質食材和幾分鐘的備料時間。唯一不簡單的是美妙的味道。

960公克切絲紅色高麗菜（約半顆分量）

12顆新馬鈴薯（洗淨剖半）

特級初榨橄欖油（適量）

粗鹽和現磨黑胡椒（適量）

30公克粒狀芥茉醬

30公克辣根醬

碎檸檬皮及檸檬汁（適量）

450公克去皮鮭魚片

預熱烤箱到200度。在烤盤上將馬鈴薯、甘藍和橄欖油攪拌均勻，以鹽和黑胡椒調味。放入烤箱烘烤25分鐘。

把芥茉、辣根醬與檸檬皮拌勻抹在鮭魚片上。在烤盤上，則利用甘藍和馬鈴薯將鮭魚圍起來，放入烤箱烘烤15分鐘，上桌前淋上檸檬汁。

壓力鍋
Pressure Cooker

壓力鍋能縮短烹調時間，而且使用簡易。事實上它能改變你的人生，或至少改變晚餐的節奏！短短幾分鐘就可以完成義式燉飯，或在忙碌的平日輕鬆變出一道美味的燉牛肉。

基本知識

壓力鍋附有可緊密闔上的鍋蓋。當鍋中的湯汁沸騰後，蒸氣無法離開鍋子，所以鍋內壓力會上升，讓湯汁溫度比普通滾水還要高。在這種高溫之下，食材只需要平時三分之一的時間即可煮透。

壓力鍋特別適合要花長時間烹煮的料理，如肉類、豆子、穀類、米飯和根莖類蔬菜。

不要道聽塗說壓力鍋會爆炸就抗拒使用。現在的壓力鍋和老式鍋具結構不同，進化版的壓力鍋都具有安全機制，必須在鍋內壓力完全釋放後才打得開鍋蓋。

壓力鍋有兩種，一種可放在火爐上使用，另一種則是需插電的版本。適用於火爐的壓力鍋，通常是緊閉鍋蓋後，以中大火加熱，使鍋內壓力快速升高。通常鍋具上會顯示目前的壓力水準，如果已達到適當的壓力就可以關小火維持。電子壓力鍋會自動調整鍋內壓力。只要在煮好後依說明書指示方式，釋放鍋中的壓力後再開啟鍋蓋即可。

烹調技巧

- 並非每一款壓力鍋都一樣，務必詳細閱讀說明書，不論是烹調方式與釋放壓力的方法，都要依照說明書指示進行。

- 壓力鍋要製造蒸氣一定需要湯汁。當然，不一定是水，也可能是酒或高湯。但切記液體僅能八分滿，因為必須留有空間才能升壓。

- 把食材切成相同大小，以便均勻受熱。

- 如果用的是火爐版的壓力鍋，你可以在鍋裡先拌炒過食材再蓋上鍋蓋。這樣做的好處是可以豐富食物的味道，增加口感層次。你也可以在釋放鍋中壓力後，再將鍋子放到火爐上加熱。這時可以拌入較快熟的食材，如海鮮和葉菜類。因為這類食材在超高溫下容易過度烹調。

- 因為食材在壓力鍋中很容易過度烹調，所以務必仔細遵照食譜指示，烹調時間是從達到適當壓力的那一刻開始算起。

- 許多壓力鍋內附架子和籃子，讓食材可以分開烹調。譬如主菜是燉牛肉，配菜的蔬菜就可放在籃子裡烹煮。

要買火爐版，還是電子版？

我喜歡火爐版，這種壓力鍋基本上就是由炒鍋組成的，所以很容易拌炒食材，讓味道更豐富。部分電子壓力鍋具有「褐變」功能，不過，熱度可能不夠高也達不到效果。電子鍋的好處是，它可以自動幫你調整熱度，不需監看。不過這也等於你無法自行控制。

壓力要多高呢？

不同的壓力鍋有不同的壓力調節器，它們的原理不同卻都一樣有效率。重要的是務必確認壓力調節器最大的壓力水準，可達到15psi（磅力/平方英寸）。如果壓力鍋沒有這麼高的數值，表示會拉長烹調時間，因此不見得能照食譜煮出同樣效果。

關於大小

壓力鍋裡，食材加湯汁只能八分滿，所以大一點的鍋子較理想。5～8公升深，適用於4～8人料理，是最理想尺寸。

材質很重要

火爐版壓力鍋的基本材質是不銹鋼或鋁。雖然鋁製壓力鍋保熱度佳且便宜，但是不耐用，又可能會與酸性食材產生化學變化危害健康。不銹鋼壓力鍋雖售價較高，但是既耐用又堅固。

牛小排佐胡蘿蔔薯泥

Beef Short Ribs with Potato-Carrot Mash

6人份 | 準備時間：10分鐘 | 總烹調時間：1小時30分鐘

牛小排要下一番功夫才好吃，是值得上館子品嚐的特別料理。但用壓力鍋的好處是，不再需花一整個下午準備這道菜。胡蘿蔔更為經典薯泥多添了一分甜味。

120公克中筋麵粉

6塊帶骨牛小排（總重約1.5公斤，長10公分）

粗鹽和現磨黑胡椒（適量）

45公克無鹽奶油

1顆小型黃色洋蔥（切碎）

2瓣大蒜（切碎）

15公克新鮮百里香葉

180毫升不甜的紅酒，如卡本內蘇維翁酒或梅洛酒（註）

60毫升水

2顆褐皮馬鈴薯（削皮並切成5公分厚片）

4條中型胡蘿蔔（切成5公分厚片）

撒少許麵粉在淺碟上，將以鹽和黑胡椒調味的牛肉，均勻裹上一層麵粉，抖掉多餘的麵粉。取用一個容量約6公升的壓力鍋，以中大火加熱奶油，分批放入牛小排，約花8分鐘將兩面都煎至焦黃，再把煎好的牛小排放到盤子上。

把洋蔥、大蒜和百里香放入壓力鍋中，拌炒4分鐘至食材變軟。倒入酒和水，邊煮邊攪拌約1分鐘並以木杓把沾在鍋底的肉屑刮下來。將牛肉放回壓力鍋中，把馬鈴薯與胡蘿蔔放在壓力鍋所附的蒸籃裡，並把籃子放在肉上方。

蓋緊鍋蓋，以中大火將壓力鍋的壓力升到高點後，把火調小以維持住壓力，繼續烹煮50分鐘，直到肉煮軟。接著將壓力鍋移開火爐釋放壓力、打開鍋蓋。均勻攪拌蔬菜和馬鈴薯泥與剩下的30公克奶油，並以鹽和黑胡椒調味。將鍋裡的湯汁淋在牛小排胡蘿蔔薯泥上即可享用。

註：梅洛酒（Merlot），原產區在法國波爾多，是利用梅洛紅葡萄製成的紅酒。大部分的梅洛酒果香濃厚，適合搭配肉類食材一起料理。

關於牛小排

這個食譜用的是「英式切法」，會避開骨頭，從骨頭間隙來切開肉塊。市面上也有些牛小排（如韓式牛小排），是直接從肋骨上切斷，所以每一塊牛小排，會含有一條條的短骨在其中。另有一種無骨牛小排，就是去骨的版本。請參考使用無骨牛小排的俄羅斯風酸奶牛肉（P199）。

沾醬吃

這道菜特別適合搭配外脆內軟的歐
式麵包或玉米糕（註3）吃。大多
數超市都有賣一大條的現成玉米
糕，所以家裡若有備用，只要加熱
切片即可食用，相當方便。

獵人燉雞
Chicken Cacciatore

4人份 ｜ 準備時間：25分鐘 ｜ 總烹調時間：35分鐘

不論你身在鄉間，還是都市的廚房，這道以番茄、紅椒和蘑菇做的義式「獵人風雞肉」（註1），永遠可以滿足你。

8隻帶骨雞腿肉（約1135公克）

粗鹽和現磨黑胡椒（適量）

30毫升橄欖油

335公克蘑菇（去蒂頭，一朵切成4分）

4瓣大蒜（切碎）

10公克新鮮切碎的迷迭香

2.5公克乾紅辣椒

1顆小型紅甜椒（切成條狀）

1顆中型的黃洋蔥（切碎）

60毫升不甜的白酒，如蘇維翁白酒或灰皮諾酒（註2）

400公克切丁番茄

外脆內軟的歐式麵包（搭配主菜吃）

雞肉以鹽和黑胡椒調味。取用一個容量6公升的壓力鍋，以中大火熱油15毫升。分批將雞肉放進鍋中，帶皮部分朝下，約花5分鐘把雞肉煎到帶焦黃，然後移到盤子上。

以中火加熱剩下的油。拌入蘑菇炒4分鐘到略帶焦黃。加入大蒜、迷迭香及乾辣椒片，花1分鐘炒香。加入紅甜椒與洋蔥一起拌炒。再倒入酒烹煮2分鐘，湯汁收乾一半後，拌入番茄丁、雞肉及番茄湯汁。

蓋緊鍋蓋，以中大火升高壓力鍋的壓力。把火調小維持壓力。繼續煮10分鐘將雞肉煮熟，再把鍋子移開火爐。釋放壓力後打開蓋子。最後以鹽和黑胡椒調味即可享用。

註1：獵人風雞肉（hunter's style chicken），料理的義大利原名為獵人式燉雞（Pollo alla Cacciatora），是歐洲常見家常菜。據說是獵人利用打獵時唾手可得食材做成的料理。

註2：灰皮諾酒（Pinot Grigio），世界各國都有不同品種，但大多屬於不甜的白酒。清爽的酸度是其特色，適合搭配沙拉、海鮮或是較清淡的肉類料理。

註3：玉米糕（polenta），義大利人的主食之一，歷史比披薩、義大利麵都要悠久。主要由粗粒玉米粉製成，是萬能配菜，煎煮炒炸烘都可以。

羽衣甘藍燉白腰豆湯
Kale and White Bean Soup

6～8人份 ｜ 準備時間：25分鐘 ｜ 總烹調時間：1小時，另加浸豆子的時間

白腰豆（註1），是義大利托斯卡尼鄉村菜的主食。所以在這道料理中，我也以托斯卡尼的羽衣甘藍來搭配白腰豆。把豆子浸泡整夜能幫助豆子煮得更均勻，達到最綿密的效果。

450公克乾燥白腰豆

30毫升橄欖油

1顆小型黃色洋蔥（切碎）

2瓣大蒜（切碎）

2.5公克乾紅辣椒片

1440毫升雞湯或蔬菜高湯

粗鹽與現磨黑胡椒（適量）

56克帕馬森乾酪外皮（註2）

（另多備碎起司上桌前使用）

480毫升水

1把托斯卡尼羽衣甘藍（去太硬的莖，葉片切絲）

10公克新鮮切碎的檸檬皮

30毫升新鮮檸檬汁（備用）

取用一個容量6公升的壓力鍋，放入豆子後加水，水的高度需超過豆子5公分左右。煮至沸騰後移開火爐，讓豆子繼續浸泡一整夜，隔天取出豆子瀝乾備用。

在壓力鍋中加入油，以中火加熱後放入洋蔥、大蒜、乾紅椒片拌炒4分鐘，直到洋蔥變透明。再加入白腰豆、高湯、乳酪外皮與水。

蓋緊鍋蓋，以中大火升高壓力鍋的壓力。達到適當壓力後把火調小維持。烹煮15～20分鐘，直到豆子軟爛。將鍋子移開火爐。釋放壓力後打開鍋蓋，拌入甘藍菜、檸檬皮和檸檬汁。以鹽和黑胡椒調味，繼續以中火烹煮2分鐘，直到甘藍變軟。享用前撈起乳酪外皮。把事先備用的乳酪絲撒在湯上即可享用。

註1：白腰豆（cannellini），又名白腎豆、托斯卡尼大白豆。是義大利最常食用的白豆，質地鬆軟，熟成後滑順綿細，會帶有淡淡的堅果香氣。久煮不變形，適合燉菜與湯品，製成涼拌沙拉也清爽可口。

註2：乾酪外皮，（cheese rind），是乳酪最外層的硬皮部分。

秘密食材

千萬別丟掉帕馬森乾酪的外皮,它可以豐富湯汁的
味道,同時讓湯或燉菜變得更濃稠。下次可以留下
乳酪外皮,冰在冷凍庫裡以備不時之需。放在高溫
燉菜或湯裡,或和其他食材一起烹煮,美味極了!

珍珠麥蔬菜燉牛肉
Beef, Barley, and Vegetable Stew

6人份 | 準備時間：20分鐘 | 總烹調時間：1小時10分鐘

除了胡蘿蔔，奶油南瓜（註）也很適合與燉牛肉一起烹煮。珍珠麥則能為這道料理添加樸實的滋味與令人開心的驚豔口感。

450公克牛肉塊（切成3大塊）

粗鹽和現磨黑胡椒（適量）

30毫升橄欖油

3瓣大蒜（切碎）

4枝百里香

225公克新馬鈴薯（刷洗乾淨剖半）

半條中型奶油南瓜（約450公克，削皮去籽，切成1.2公分厚塊）

120公克珍珠麥

960毫升低鈉雞湯或牛肉高湯

480毫升水

牛肉以鹽和黑胡椒調味。取用一個容量6公升的壓力鍋，以中大火熱油。把牛肉放進鍋中，共花6公鐘讓牛肉兩面煎至焦黃。拌入大蒜與百里香爆香約1分鐘。加入馬鈴薯、珍珠麥、奶油南瓜、高湯及水。

蓋緊鍋蓋。以中大火將壓力鍋的壓力升高，再調整火的大小維持鍋內壓力。烹煮45分鐘，直到牛肉變軟後，移開火爐。釋放壓力後，打開鍋蓋，用兩隻叉子把牛肉撕碎，去除肥肉。最後以鹽和黑胡椒調味即可。

註：奶油南瓜（butternut squash），冬南瓜的一種。與南瓜味道類似，帶甜味與些許堅果香。適合以烘烤、拌炒入湯或以南瓜泥作為燉菜食材之一。

一只鍋，四種愜意
義式燉飯
Risotto

4人份 | 準備時間：15分鐘 | 總烹調時間：35分鐘

只要35分鐘，濃郁綿密的義式燉飯就能上桌，而且不需攪拌？快！算我一份。光是這道美味的義式燉飯，就足以讓你馬上把壓力鍋視為廚房裡永遠的好朋友！

義式蘆筍青豆燉飯
Risotto with Asparagus and Peas

60公克無鹽奶油
1顆小型黃洋蔥（切碎）
360公克義大利米，艾保利奧米或卡納羅利米（註）皆可
30毫升白酒，如蘇維翁白酒或灰皮諾酒
1080毫升低鈉雞湯

粗鹽與現磨黑胡椒（適量）
225公克蘆筍（去尾切成2.5公分段狀）
240公克冷凍青豆（解凍備用）
85公克帕馬森乾酪絲（多備上桌前用）
15公克新鮮切碎的檸檬皮

1. 取用一個容量6公升的壓力鍋，以中火融化30公克的奶油。把洋蔥加進鍋中，拌炒4分鐘到變軟。加入義大利米攪拌1分鐘，再倒入白酒煮30秒，直到酒略微蒸發。加入720毫升高湯，以鹽和黑胡椒調味。
2. 蓋緊鍋蓋。以中大火加壓，再調整火候以維持鍋內壓力，烹煮9分鐘到米飯煮軟。把鍋子移開火爐，釋放壓力後打開鍋蓋，加入剩下的360毫升高湯和蘆筍，以中火烹煮8分鐘，直到蘆筍變軟。加入青豆、帕馬森乾酪、檸檬皮與剩餘的30公克奶油。最後加入備用的乳酪絲，即可立即享用。

註：卡納羅利米（Carnaroli rice），是最常用的義大利米。不易煮爛，完全熟透可吸飽湯汁，也能保有原本形狀，很適合用來製作燉飯或燴飯。

義式香草蝦燉飯
With Shrimp and Herbs

- 左例步驟1爆香洋蔥時，另加入2瓣切碎的大蒜。

- 省略左例步驟2中的蘆筍、檸檬皮和青豆。拌入450公克去殼、去腸泥的大蝦，以及所剩的360毫升高湯。利用中火烹煮3～5分鐘，直到蝦子變為不透明狀。最後上桌前撒上60公克新鮮切碎的香草，如西洋香菜或龍蒿。

義式百里香蘑菇燉飯
With Mushrooms and Thyme

- 在左例步驟1中，加入225公克棕色蘑菇（註），去梗切片。炒洋蔥時加入5公克的新鮮百里香葉。

- 在左例步驟2中，省略蘆筍、青豆和檸檬皮。

義式培根甘藍燉飯
with Brussels Sprouts and Pancetta

- 左例步驟1中加入110公克切碎的義大利培根，以及225公克切細絲的球芽甘藍，將兩個食材一起和洋蔥爆香。拌炒5分鐘到洋蔥變透明。

- 省略左例步驟2中的蘆筍、青豆和檸檬皮。.

註：棕色蘑菇（cremini mushrooms），雙孢蘑菇的一種，也叫波特貝拉菇。詳細解說可見本書P79。

義式蘆筍青豆燉飯
P188

義式香草蝦燉飯
P189

義式百里香蘑菇
燉飯
P189

義式培根甘藍燉飯
P189

簡易鷹嘴豆咖哩

Easy Chickpeas Curry

4人份 | 準備時間：15分鐘 | 總烹調時間：35分鐘

鷹嘴豆、菠菜和馬鈴薯，都是印度料理常見的食材。這幾樣食材能與複雜香料巧妙融合，不會喧賓奪主。如果你喜歡吃辣，可將配料搭配新鮮切片的塞拉諾辣椒或墨西哥辣椒一起吃！

225公克乾燥鷹嘴豆

160毫升蔬菜油

1顆中型洋蔥（切絲）

60公克薑末

4瓣大蒜（切碎）

30公克番茄糊

7.5公克小茴香粉

5公克西洋香菜粉

450公克新馬鈴薯（刷淨剖半）

780毫升水

140公克嫩菠菜葉

印度麵包或其他扁麵包、檸檬塊、原味優格、新鮮香菜（適量，上桌前使用）

將鷹嘴豆放入一個容量6公升的壓力鍋，倒入水並蓋過豆子5公分。煮至沸騰後，移開火爐。讓豆子繼續浸泡著，放入冰箱裡一整夜，隔天瀝乾備用。

在壓力鍋中加入蔬菜油，以中火加熱。加入洋蔥、薑、大蒜，拌炒4分鐘到洋蔥變軟。倒入番茄糊、小茴香粉和香菜粉，花30秒爆香。加入鷹嘴豆、馬鈴薯及水。

蓋緊鍋蓋。以中大火熱鍋使鍋內壓力升高，調整火候以維持鍋內壓力。煮20分鐘直到鷹嘴豆變軟，移開火爐。釋放壓力後打開鍋蓋，拌入菠菜葉。搭配印度麵包、優格、檸檬塊和香菜一起享用。

愛爾蘭風黑啤酒燉牛肉
Irish Beef Stew with Stout

6人份 | 準備時間：25分鐘 | 總烹調時間：45分鐘

愛爾蘭啤酒顏色深，且帶有特殊的烘烤風味（註1）。啤酒的氣味在烹調後會消失，所以若你不喝黑啤酒，此道料理的酒精成分絕不會阻礙你品嚐佳餚。如果你也是黑啤酒愛好者，不妨倒上一杯搭配燉牛肉一起享用吧！

900公克牛肉塊（切成4公分厚塊）

粗鹽和現磨黑胡椒（適量）

30毫升植物油

1顆中型黃洋蔥（切成2.5公分塊狀）

5瓣大蒜（切碎）

3公克中筋麵粉

170公克番茄糊

680公克新馬鈴薯（洗淨）

400毫升低鈉牛肉高湯

1杯愛爾蘭黑啤酒，如健力士（註2）

280公克冷凍青豆（解凍備用）

牛肉以鹽和黑胡椒調味。取用一個容量6公升的壓力鍋，以中大火加熱15毫升的油。分批花6～8分鐘將牛肉塊每面都煎黃。若有需要，可多加一點油。

加入洋蔥和大蒜，拌炒3分鐘到洋蔥變透明。倒入麵粉炒30秒，再拌入番茄糊攪拌約1分鐘。接著加入馬鈴薯、高湯和黑啤酒，以鹽和黑胡椒調味。

蓋緊鍋蓋，以中大火加壓，關小火維持鍋內壓力。烹煮20分鐘直到牛肉變軟後，移開火爐。釋放壓力再打開鍋蓋。最後倒入青豆煮熱即可享用。

註1：愛爾蘭黑啤酒的酒色較深，是因為部分大麥經過烘烤這道程序而造就出的獨特色澤。

註2：健力士（Guinness），是由阿瑟健力士公司於愛爾蘭建立的釀酒廠中，最知名的一種黑色司陶特黑啤酒（stout）。看似濃烈強勁，其實口感柔和香醇。

豬肉玉米粥
Pork and Hominy Stew

6人份 ｜ 準備時間：25分鐘 ｜ 總烹調時間：1小時10分鐘

寒冷的冬天來一碗墨西哥波索雷豬肉玉米粥（註）暖暖身體吧！這道墨西哥的著名燉菜，與各式各樣的配菜一起享用會更加美味！除了本食譜的酪梨和萊姆外，小蘿蔔切片、西洋香菜和玉米脆片，都是非常推薦的配料！

570公克無骨豬肩肉（去肥肉切成10公分厚塊）　　30公克辣椒粉

粗鹽和現磨黑胡椒（適量）　　720毫升低鈉雞湯

30毫升植物油　　480毫升水

1顆中型白色洋蔥（切碎）　　420公克玉米粒（用水沖過瀝乾）

4瓣大蒜（切碎）　　酪梨塊與萊姆塊（適量，上桌前備用）

豬肉以鹽巴調味。取用一個容量6公升的壓力鍋，以中大火熱油。放入豬肉塊，約花8分鐘將每面都煎至焦黃，再移到盤子上。

加入洋蔥、大蒜和辣椒粉，拌炒4分鐘到洋蔥變軟。加入高湯和水一起煮，一邊攪拌一邊以木杓將黏在鍋底的肉屑刮掉，再把豬肉放回鍋中。

蓋緊鍋蓋。以中大火將壓力鍋的壓力升高，關小火維持鍋內壓力。烹煮45分鐘到豬肉變軟。鍋子移開火爐釋放壓力，再打開鍋蓋。撈起浮在湯面的油脂。取出豬肉，用兩隻叉子把豬肉撕碎，接著拌入玉米粒，玉米煮熟後以鹽和黑胡椒調味，搭配酪梨和萊姆享用。

註：波索雷豬肉玉米粥（posole），墨西哥傳統燉菜。因為主食材之一的玉米，在阿茲特克與中美洲屬於神聖的植物，通常只有在重大節日時才會食用。

如何加速酪梨熟成

熟成的酪梨用手壓時軟而不
爛,才是最好吃的狀態。為了
加速熟成,可以把偏硬的酪梨
放在紙袋裡一兩天,即可加快
熟成速度。

発揮牛肝菌最大的美味

在這道食譜中，我們稍作改變。把乾燥的牛肝菌
和泡菌菇的水加入湯汁中，這樣可以增添香菇風
味。雖然牛肝菌價格偏高，不過只用一點點就可
以有很好的效果。沒用到的可以保存在櫥櫃裡長
達幾個月之久呢！

俄羅斯風酸奶牛肉
Beef Stroganoff

4～6人份 | 準備時間：30分鐘 | 總烹調時間：1小時10分鐘

經過多年，這道菜仍是美國家常菜中最受喜愛的一道菜。原因很簡單，因為它就是美味啊！將包括雞蛋麵在內的所有食材放入壓力鍋中一起烹調，是時代進化的聰明新招！

450公克乾燥牛肝菌（註）

360毫升滾水

900公克無骨牛小排（切成5公分塊狀）

粗鹽與現磨黑胡椒（適量）

30毫升橄欖油

450公克蘑菇（去梗，一顆切成4小塊）

1顆中型洋蔥（切片）

480毫升低鈉雞湯

170公克雞蛋麵

80公克酸奶油

20公克第戎芥茉醬

120公克新鮮切碎的蒔蘿（上桌前備用）

把乾燥牛肝菌放入滾水中浸泡10分鐘後切塊，瀝乾並保留浸泡菌菇的水。

牛肉以鹽和黑胡椒調味。取用一個6公升容量的壓力鍋，以中大火加熱15毫升的油。分批將肉放入鍋中，約花5分鐘將每面都煎至焦黃後放在盤上。若有需要可加多一點油。

把剩下的油倒入鍋中，加入蘑菇和洋蔥拌炒6分鐘，直到洋蔥變黃。加入牛肝菌、泡菌菇的水和高湯。把肉放回壓力鍋和湯汁一起烹煮。

蓋緊鍋蓋，以中大火將壓力鍋的壓力升高後，關小火維持鍋內壓力。烹煮30分鐘直到肉變軟。把鍋子移開火爐，釋放壓力後打開鍋蓋。再放回火爐上，不蓋鍋蓋直接以中火煮雞蛋麵。略煮7分鐘後，移開火爐，撈出牛肉撕碎，淋上酸奶油和芥茉。撒上蒔蘿即可上桌。

註：牛肝菌（porcini mushrooms），原產於法國與義大利，菌蓋大、呈褐色，下面有許多小孔類似牛肝。被視為菌菇中的頂級產品，帶有濃厚的堅果香氣，口感滑嫩。

湯鍋與
長柄燉鍋
Stockpot & Saucepan

美味熱湯上桌囉！用你最愛的食材，利用**湯鍋**燉一鍋熱湯吧！或是在湯裡加一點義大利麵也不錯！你可能沒想過可以這樣烹調食材，不過，本書自創的簡易料理告訴你不僅能夠簡單烹調，還能讓料理變得超乎想像的輕鬆！

基本知識

湯鍋和長柄燉鍋都可以用來煮湯和燉湯。主要的差別在尺寸。湯鍋深度通常介於6～20公升，很適合燉大鍋菜、湯品、蔬菜，或是直接烹煮完整不切開的玉米和龍蝦，以及煮一大鍋的義大利麵。多數湯鍋附有兩個把手和一個蓋子。

長柄燉鍋的容量介於1～4公升。3～4公升的長柄燉鍋是家中必備的鍋具，可以用在烹調中等容量的湯品或義大利麵，更不用說煮醬汁、汆燙青菜和許多其他用途。長柄燉鍋大多都備有一個長柄和蓋子。

烹調技巧

- 多數湯品可以提前1～2天就做好。如果要保存新鮮現做的湯品，要先把整個湯鍋放在冰水裡冷卻後再放進冰箱。你也可以分裝成好幾碗，然後分開冷藏。

- 如果保存的湯需要再加入嫩菜或新鮮香料等食材，請等上桌前再加入。

- 在烹調「一鍋煮義大利麵」時，務必掌控好時間，好讓所有食材一次煮好。如果你用的是與本食譜不同的義大利麵，須事先查看外包裝上指示的烹調時間，依此作調整。

- 當你要燒開水煮義大利麵時，一定要蓋上鍋蓋。不然會浪費許多時間和瓦斯。

湯鍋

對於日常料理來說，8公升的鍋是很實用的。建議挑選比較重且結實的鍋子，因為這種鍋子導熱性佳，不會受熱不均。12～14公升適用於大分量。（若是超大型湯鍋，不一定要買厚重款，因為基本上都裝液體，並不會因受熱問題而使食材燒焦。再者，超大型湯鍋過於厚重的話，滿鍋時很難搬動。）不論你選擇的大小為何，挑選把手以釘子固定的才方便握。不要選又深又長的鍋子，因為太深會不容易看到裡面，盡量選寬口鍋。

長柄燉鍋

3～4公升大小的長柄燉鍋也是家中必備。同樣的，建議挑選厚重結實的鍋子，因為導熱快且受熱均勻。請選擇把手以釘子固定的，因為這種握起來較舒適。熱鍋時，把手也不會太燙而讓你受傷。

義式蔬菜湯
Minestrone

6人份 ｜ 準備時間：30分鐘 ｜ 總烹調時間：1小時

這道來自義大利的湯品，富含蔬菜與白腰豆。料理的義大利原文就是指大鍋湯，我的這道食譜，還真的是名副其實料多容量豐富的「大鍋湯」呢！

30毫升橄欖油（多備上桌前用，非必須）
1顆中型紅色洋蔥（切碎）
2條中型胡蘿蔔（切小段）
1顆大枝芹菜（切小段）
1公克乾紅椒片
5公克新鮮切碎的迷迭香，或1公克乾燥迷迭香
粗鹽與現磨黑胡椒（適量）
400公克整顆去皮番茄（瀝乾切碎）

1大顆馬鈴薯（削皮切小塊）
225公克野甘藍或綠甘藍（去菜心切絲）
420公克白腰豆（洗淨瀝乾）
1680毫升低鈉雞湯或水
225公克四季豆（去頭尾切成2.5公分長段）
1瓣大蒜（切碎非必須）
60公克新鮮切碎的羅勒葉（可留幾片擺盤用）
帕馬森乾酪（適量，上桌前用）

取一個長柄燉鍋，以中火熱油。加入洋蔥、胡蘿蔔、芹菜、乾紅椒、迷迭香、5公克的鹽和1公克的黑胡椒。邊煮邊攪拌5～8分鐘，直到洋蔥開始變焦黃。

加入番茄拌煮1分鐘，待湯汁稍微收乾，加入馬鈴薯、甘藍、白腰豆和高湯。煮到沸騰後倒入四季豆。

轉小火，煮20分鐘直到所有蔬菜都變軟，以鹽和黑胡椒調味，並拌入大蒜和羅勒葉。上桌前撒上帕馬森乾酪，以新鮮羅勒葉點綴，滴上幾滴橄欖油，即可享用。

右圖註：莙薘菜（chard），也叫葉用甜菜、牛皮菜，是甜菜的一個變種，常用於地中海料理。葉柄顏色多變，有綠、紅等色。口感清爽但略帶苦味，營養價值極高。適合拌炒、涼拌或湯類料理。

蔬菜的變化
你可以隨性選擇蔬菜的種類。
例如可用櫛瓜代替四季豆、以
莙蓮菜（註）來取代甘藍，或
是將白腰豆換成鷹嘴豆。

藜麥雞肉溫沙拉
Warm Quinoa and Chicken Salad

4人份 | 準備時間：15分鐘 | 總烹調時間：45分鐘

方便易煮的藜麥（註），富含多種營養成分，如蛋白質、鐵質和纖維素。在搭配春天蔬菜與雞肉的沙拉主菜裡，也是很棒的基本配菜。

45毫升橄欖油（多備擺盤用）

4根青蔥（蔥白和蔥綠分開，縱切成細絲）

240公克藜麥（洗淨瀝乾）

1片去骨去皮雞胸肉（切半）

5公克切碎的檸檬皮

15毫升新鮮檸檬汁

320毫升水

450公克蘆筍（去尾切成2.5公分段狀）

120公克新鮮或冷凍青豆

30公克新鮮切碎的西洋香菜

粗鹽和現磨黑胡椒（適量）

取一個中型長柄燉鍋，以中大火熱油。加入蔥白不斷拌炒3分鐘直到炒軟。加入藜麥、雞肉、檸檬皮和水，以大火煮至沸騰後，關小火。蓋上鍋蓋再燜煮11分鐘。放入蘆筍和青豆，蓋回鍋蓋，烹煮4～5分鐘，直到湯汁收乾，蔬菜變軟。

把鍋子移開火爐放涼10分鐘。把煮好的雞肉撕成碎條，與藜麥拌勻，淋上檸檬汁、撒上西洋香菜，以鹽和黑胡椒調味。最後以綠色蔥花點綴並滴上幾滴油，即可上桌！

註：藜麥（quinoa），是一種南美洲高地特有作物。近年來在歐美備受推崇，是潮流養生聖品之一。臺灣近年來發現的「紅藜（臺灣藜）」，是原住民耕種百年以上的作物，其穀粒被稱「料理界的紅寶石」。

香菇燉利馬豆
Mushroom and Lima Bean Stew

6~8人份 ｜ 準備時間：35分鐘 ｜ 總烹調時間：1小時40分鐘，加上泡豆子的時間

如果想多知道些烹飪美味蔬菜料理的食譜，那麼這道菜就是你的新選擇。
這道燉菜結合對身體有益的利馬豆、兩種不同的香菇及南瓜和羽衣甘藍。

240公克乾燥利馬豆

30毫升特級初榨橄欖油（多備上桌前用）

1顆大型洋蔥（切碎）

4瓣大蒜（切碎）

225公克新鮮香菇（去梗切絲）

225公克波特貝拉菇（去梗，切成2.5公分厚片）

900公克奶油南瓜（削皮去籽，切成2.5公分厚片）

1片月桂葉

1920毫升低鈉雞湯或蔬菜高湯

粗鹽和現磨黑胡椒（適量）

225公克羽衣甘藍（去除硬梗後將葉子切絲）

將利馬豆放在大碗中，以冷水浸泡一整夜後瀝乾。

取一湯鍋並以中火熱油。拌入洋蔥和大蒜，炒6～8分鐘到變軟，把炒好的食材放在碗裡。

香菇分批放入鍋中，以中大火拌炒5分鐘，直到略帶焦黃。如有必要，可以多加點油拌炒。
炒好後放在另一個碗中。

將炒好的洋蔥和香菇放回湯鍋裡，加入南瓜、利馬豆、月桂葉和高湯。以黑胡椒調味，煮
到沸騰後關小火，半掩鍋蓋烹煮50～60分鐘，至豆子變軟。

拌入羽衣甘藍再煮5分鐘，直到蔬菜變軟。撈出月桂葉，最後以鹽調味即可上桌。

選購海鮮

新鮮最重要。如果可能的話，盡量在料理當天選購當日捕獲的海鮮。你可以大方詢問漁販的魚貨來源以及捕撈時間，也可以聞一聞氣味。帶海水鹹味是正常的，但帶「腥味」就不好了。如果你用手壓一壓魚肉會留下「手壓的凹印」就不要選購，因為新鮮的魚肉彈性佳，會馬上彈回來。

義式海鮮燉湯
Cioppino

4～6人份 | 準備時間：30分鐘 | 總烹調時間：45分鐘

以番茄為湯底的義式海鮮燉湯，據說是舊金山的義大利和葡萄牙裔移民所發明的。由於移民多是漁夫，他們可以運用當日新鮮捕獲的漁貨來料理。你則可以到市場挑選最新鮮的海鮮！

60毫升特級初榨橄欖油

1顆大型洋蔥（大致切塊）

4瓣大蒜（切碎）

12.5公克新鮮百里香葉

10公克乾燥奧勒岡葉

2.5公克乾紅椒片

1片乾燥月桂葉

785公克整顆去皮的番茄（把番茄壓碎）

300毫升不甜的白酒，如灰皮諾

300毫升水

240毫升蛤蜊汁罐頭

900公克帶殼帝王蟹腳（註1）或黃金蟹腳（註2）（非必要）

24顆蛤蜊（洗淨）

450公克去皮白身魚片（如紅鯛、鱸魚或大比目魚，切成約4公分厚片）

粗鹽與現磨黑胡椒（適量）

570公克大蝦（約30尾，去殼與腸泥，如果喜歡可以保留尾巴）

120公克新鮮切碎的西洋香菜

取一個湯鍋，以中火熱油。加入洋蔥和大蒜爆香3～4分鐘，直到洋蔥變透明。拌入百里香、奧勒岡葉、紅椒片和月桂葉，加入番茄和番茄汁液、白酒、水和蛤蜊汁，以小火煮至沸騰。

加入蟹腳和蛤蜊，以小火煮至沸騰後蓋上鍋蓋繼續烹煮10分鐘，直到蟹腳變成亮粉色、蚌殼打開。以鹽和黑胡椒調味魚片後，與大蝦一起加到鍋中，以小火煮至沸騰。蓋上鍋蓋煮2～3分鐘，直到魚片變不透明、蝦子變紅。撈出月桂葉、丟掉沒有開的蛤蜊。

將鍋子移開火爐，拌入西洋香菜，以鹽和黑胡椒調味即可上桌。

註1：帝王蟹（king crab），又名皇帝蟹、石蟹。主要分布在寒冷海域。體型巨大、肉質鮮甜細膩。

註2：黃金蟹（Dungeness Crab）是北美洲西海岸盛產的一種食用蟹。蟹腳肉質扎實、味道鮮美，帶有淡淡堅果香味。

豌豆濃湯
Split Pea Soup

10人份 ｜ 準備時間：30分鐘 ｜ 總烹調時間：1小時15分鐘

豬腳為這道經典的餐點，增添了煙燻香氣與豐富口感。如果豬腳骨頭還有剩，也可以直接取代豬腳。

30毫升植物油

1顆中型洋蔥（切碎）

4小條胡蘿蔔（切絲）

1條芹菜（切碎）

半顆紅椒（切絲）

4瓣大蒜（切碎）

900公克乾豌豆（挑除劣質豆，洗淨瀝乾）

15公克新鮮切碎的百里香

2片乾月桂葉

2個小型豬腳（約570公克，用刀子在豬腳上劃幾刀深1公分的切痕）

2.4公升低鈉雞湯

粗鹽和現磨黑胡椒（適量）

麵包丁（上桌前使用，但非必要）

取一個湯鍋，以中大火熱油。加入洋蔥、胡蘿蔔、芹菜、紅椒、大蒜，拌炒10分鐘到洋蔥變透明。加入豌豆、百里香和月桂葉，烹煮2分鐘。加入豬腳和高湯。以大火煮至沸騰後，關小火、鍋蓋半開，繼續烹煮45分鐘，直到豌豆軟到散開。

取出豬腳，去豬腳皮和骨頭，把肉切成0.6公分厚片。撈出月桂葉丟掉。用木杓稍微把豌豆壓成泥狀。再把切好的豬腳肉片放回鍋裡，以鹽和黑胡椒調味。適喜好可加入麵包丁。

關於豌豆

豌豆是豆類植物的種籽，去皮剝半便於烹調。豌豆不像一般豆子，需要浸泡一整夜。雖然如此，烹煮前仍需要挑掉製作過程中的殘留物洗淨。

番薯香腸燉湯
Sweet Potato and Sausage Soup

6人份 | 準備時間：20分鐘 | 總烹調時間：40分鐘

對於忙碌的上班日來說，這道菜不費時。週末用來招待朋友或派對活動，也夠特別。不妨以兩倍食材來料理，邀請朋友來共享。冬日週末，還有比這道菜更好的點子嗎？

15毫升特級初榨橄欖油

1顆大型洋蔥（切成2公分絲狀）

2瓣大蒜（切碎）

粗鹽和現磨黑胡椒（適量）

340公克甜味或辣味的義大利香腸（剝除腸衣）

2條番薯（約450公克，削皮並切成1.2公分塊狀）

960毫升低鈉高湯

480毫升水

180公克貝殼形義大利麵

960公克綜合綠色蔬菜切段，如羽衣甘藍和莙薘菜

現磨帕馬森乾酪（適量，上桌前備用）

取一個湯鍋，以中大火熱油。加入洋蔥和大蒜，拌炒6分鐘到洋蔥變透明。以鹽和黑胡椒調味。加入義大利香腸肉一起拌炒，用木杓把結成一球的香腸肉弄散，乾煎5分鐘到香腸肉略帶焦黃。

加入番薯、高湯和水，以大火煮至沸騰。加入義大利麵，比包裝建議的烹調指示少煮3分鐘。轉小火，拌入綠色蔬菜繼續烹煮4分鐘，直到蔬菜和義大利麵同時變軟。最後撒上帕馬森乾酪即可享用。

青蔬扁豆義大利麵
Pasta with Lentils and Greens

4人份 ｜ 準備時間：15分鐘 ｜ 總烹調時間：55分鐘

聽聽這道菜的材料，像是要做一道美味的法式沙拉一樣：扁豆、番茄、芝麻菜和費塔起司。若加入義大利麵，就是一道具有飽足感的蔬食料理。

粗鹽與現磨黑胡椒（適量）

60公克法國綠扁豆（挑選後洗淨）

1瓣大蒜

340克貓耳麵（註）或其他短義大利麵

30公克特級初榨橄欖油（多備上桌前用）

710公克櫻桃番茄（剖半對切）

140公克嫩芝麻菜或菠菜

56公克費塔起司碎片（多備上桌前用）

西洋香菜枝（擺盤用）

取用一個湯鍋，以中大火煮一鍋水，加入少許鹽巴，待沸騰後加入扁豆和大蒜，轉小火再次煮至沸騰。鍋蓋不要蓋緊，繼續煮30分鐘，直到扁豆稍微變軟但未全熟。加入義大利麵，依包裝指示時間煮到麵略帶「彈牙」口感，把煮好的麵和扁豆都瀝乾備用。

在同一鍋中，以大火熱油。加入番茄與5公克的鹽拌炒2分鐘，直到番茄開始軟化散開。再將扁豆、義大利麵、芝麻菜和費塔起司放入鍋中。拌勻食材，最後以鹽和黑胡椒調味。上桌前撒上費塔起司、西洋香菜和橄欖油。

註：貓耳麵（orecchiette），原名取自義大利文的orecchie，意即小耳朵。據傳是由法國軍隊帶進南義的麵疙瘩，因形狀貌似貓耳朵而命名。貓耳麵的中間稍薄，可延長保存期限、快速煮熟、增加口感，也可吸收適量醬汁。

關於法國扁豆

法國綠扁豆又被稱為「普伊扁豆」（盛產於法國東南部羅亞爾河的普伊恩法雷）或綠扁豆（green lentils）。這種扁豆比一般的褐色扁豆要小，煮的過程中較能維持形狀不變形，所以很適合用來做這道菜。

爐烤蛤蜊
Stovetop Clambake

6人份 | 準備時間：10分鐘 | 總烹調時間：40分鐘

製作傳統的美式烤蛤蜊，必須在沙裡挖個洞再鋪上厚葉或架上烤架來烤。不過這道菜只要把食材層層堆疊，你就可以在自家廚房用湯鍋舉辦烤蛤蜊派對。料理需要的時間，比準備一個沙灘包的時間還短！

300毫升不甜的白酒，如灰皮諾

180毫升水

6瓣大蒜

2大顆紅蔥頭（保留根部切成4塊）

680公克小型紅皮馬鈴薯（註）（洗淨）

2.5～3公克乾紅椒片（非必要）

6條玉米（剝掉外皮切半）

60顆小型蛤蜊（洗淨）

2顆檸檬（各切成4瓣）

450公克帶殼大蝦（約16～20隻）

60公克無鹽奶油

120公克新鮮切碎的西洋香菜

30公克新鮮切碎的奧勒岡葉

取用一個大型湯鍋，倒入白酒和水以大火煮至沸騰後，再加入大蒜、紅蔥、馬鈴薯和乾紅椒。蓋上鍋蓋烹煮8分鐘，把玉米、蛤蜊和檸檬一起丟進鍋中，繼續烹煮10～12分鐘，直到蛤蜊殼打開後，將大蝦放入鍋中鋪成一層，留意不要疊在一塊。蓋回鍋蓋後關火，讓大蝦燜煮3分鐘，直到蝦肉變不透明狀。

用撈杓將海鮮和蔬菜取出移到大盤上。把檸檬放在一旁，丟掉未開的蛤蜊，過濾鍋裡的湯汁到碗中，拌入奶油、西洋香菜和奧勒岡葉。挖出半顆檸檬肉加入湯汁中，並丟掉檸檬皮。剩下的檸檬用於擺盤，碗中的湯汁則可以當作沾醬搭配食用。

註：紅皮馬鈴薯（red potatoes），紅色外皮，白色果肉。含水量高且澱粉質較低，適合水煮。

當季鮮蔬義大利麵

Pasta with Farm-Stand Vegetables

4人份 | 準備時間：15分鐘 | 總烹調時間：20分鐘

趁夏天還沒溜走，好好品嚐夏天的滋味吧！選些仲夏當令的食材，如番茄、玉米、櫛瓜和蘿勒葉，將蔬菜變身為深具口感的義大利麵佐醬，讓每個食材都發揮不同的美味。

粗鹽和現磨黑胡椒（適量）

340公克義大利螺旋麵或其他短義大利麵

4條玉米（刮下玉米粒，約720公克）

2條中型櫛瓜（用刨絲器削成粗絲，約600公克）

30毫升特級初榨橄欖油（多備些備用）

2瓣大蒜（切碎）

470公克櫻桃番茄（剖半）

60公克新鮮帕馬森乾酪絲（多備上桌前用）

120公克新鮮蘿勒葉（多備擺盤用）

取一個湯鍋倒入水與少許鹽巴，煮至沸騰後加入義大利麵。依包裝指示「少煮」1分鐘，再加入玉米繼續煮1分鐘。保留煮麵水。加入櫛瓜，然後把食材瀝乾備用。

利用同一鍋，以大火熱油並加入大蒜爆香1分鐘。拌入番茄，一邊攪拌一邊拌煮3分鐘，直到番茄化開。加入120毫升的煮麵水，以大火煮至沸騰。把煮好的義大利麵和帕馬森乾酪加入鍋中。萬一太乾可再加一點煮麵水。拌入蘿勒葉，以鹽和黑胡椒調味。最後淋上橄欖油，撒上蘿勒葉和乾酪絲即可上桌。

一只鍋，四種溫暖

雞湯
Chicken Soup

8人份 | 準備時間：20分鐘 | 總烹調時間：1小時10分鐘

有什麼能比一碗雞湯更令人滿足的，就是我的特製雞湯了！只要幾樣食材就可以改變風味，但經典雞湯令人感動的美好本質，依然不變。

經典雞湯
Classic Chicken Soup

1隻全雞（約1.8公斤，切成8大塊）

960毫升低鈉雞湯

1200毫升水

粗鹽和現磨黑胡椒（適量）

2顆中型洋蔥（切細絲）

4瓣大蒜

4條中型胡蘿蔔（斜切成1.2公分塊狀）

2條芹菜（斜切成0.6公分斜片）

12枝西洋香菜（多備擺盤用）

56公克天使髮絲義大利麵（註1）

1. 在湯鍋中放入雞肉、高湯、水和5公克的鹽。大火煮至沸騰後，撈掉表面如泡泡的浮渣。轉中小火繼續煮5分鐘，若還有泡沫與浮渣也要撈掉。加入洋蔥、大蒜、胡蘿蔔、芹菜和西洋香菜。慢燉25分鐘，鍋蓋半掩煮到雞肉熟透。

2. 從鍋中取出西洋香菜和雞肉。捨棄雞背骨、雞脖子、肥肉和西洋香菜。冷卻一下雞肉再撕成可一口食用的大小。

3. 待鍋裡的湯汁煮至沸騰後，加入天使髮絲義大利麵，轉中小火繼續煮5分鐘，將720公克的雞肉放回鍋中（剩下的雞肉留下來，其他料理可以用）。

4. 以鹽和黑胡椒調味，再裝飾西洋香菜後即可上桌。

註1：天使髮絲義大利麵（capellini, angel-hair pasta），
猶如麵線般纖細，是義大利麵中最細的一種麵體。適合搭配
清淡爽口的醬汁。

中式雞湯
Chinese Chicken Soup

- 將左例步驟1的洋蔥換成1把青蔥,只用蔥白。省略胡蘿蔔。將芹菜換成6片新鮮薑片。西洋香菜則換成半把新鮮芫荽。

- 左例步驟2中,取出雞肉,過濾鍋裡的雞湯,濾掉殘渣。

- 左例步驟3,將天使髮絲細麵換成港式撈麵,加入3株青江菜和225公克的豌豆莢。

- 左例步驟4,加入薄鹽醬油,試一下味道後再灑一點現磨白胡椒。將西洋香菜換成蔥花。

哥倫比亞雞湯
Colombian Chicken Soup

- 左例步驟1,將芹菜換成一大顆切丁番茄、西洋香菜換成半把新鮮芫荽。

- 左例步驟3,將天使髮絲麵換成225公克的木薯(註2)或馬鈴薯。削皮切成2.5公分塊狀,以小火煮30分鐘至沸騰。

- 左例步驟4,以鹽和黑胡椒調味。淋上新鮮檸檬汁,試一下味道確認。撒上西洋香菜和切片的塞拉諾辣椒。

泰式雞湯
Thai Chicken Soup

- 左例步驟1中,以四分之三的紅蔥頭取代洋蔥。省略胡蘿蔔與西洋香菜。將芹菜換成6片薑片和2枝檸檬草。

- 左例步驟2,取出雞肉後,過濾鍋裡的雞湯。

- 左例步驟3,將義大利麵換成泰式細河粉。

- 左例步驟4,加入魚露和檸檬汁,試一下味道確認是否合口味。以新鮮羅勒葉和萊姆塊取代西洋香菜,並撒上泰國辣椒片。

註2:木薯(yucca),原產於南美洲,根部可食用。與馬鈴薯相比,蛋白質含量較低,

經典雞湯
P222

中式雞湯
P223

哥倫比亞雞湯
P223

泰式雞湯
P223

黑豆杏仁湯
Black Bean and Almond Soup

4人份 | 準備時間：30分鐘 | 總烹調時間：50分鐘

只要利用黑豆罐頭和雞湯，不到1小時，這道溫暖又充滿小茴香氣味的燉湯就能上桌！若家中備有手持式電動攪拌器，也可以省下不少時間，清洗也變得輕鬆許多。

30毫升特級初榨橄欖油

1顆大型紅洋蔥（切碎）

粗鹽和現磨黑胡椒（適量）

4瓣大蒜（切碎）

2.5公克小茴香粉

2罐黑豆（每罐約435公克，洗淨瀝乾）

960毫升低鈉雞湯

120公克芫荽葉（可多備上桌前用）

60公克杏仁片（烤過，可多備上桌前用）

酪梨片（適量，備用）

原味希臘優格或酸奶油（適量，上桌前用）

取一個中型長柄燉鍋，以中火熱油。加入四分之三的洋蔥拌炒8分鐘，以鹽和黑胡椒調味，直到洋蔥炒軟。加入大蒜和小茴香粉爆香1分鐘。倒入黑豆和高湯，以大火煮至沸騰。轉小火繼續燉煮10分鐘，直到黑豆熟透後關火，冷卻10分鐘。

用手持式電動攪拌器，均勻混合湯裡的食材。加入芫荽和杏仁片，以攪拌器上的「間歇運轉鍵」，將食材攪拌至呈「顆粒狀」，請留意勿過度攪拌至「泥狀」。以鹽和黑胡椒調味，將湯平均分成4碗，並均勻撒上剩下的四分之一洋蔥、芫荽、杏仁、酪梨和優格。

香烤堅果

在烘焙淺盤上撒上一層堅果，放入設定在180度的烤箱。杏仁片只需烤5～7分鐘，直到堅果發出香氣開始變褐色。烤到一半時，若將烤盤裡的杏仁片翻面，可以烤得更均勻。

馬鈴薯青醬螺旋麵
Gemelli with Pesto and Potatoes

4人份 | 準備時間：25分鐘 | 總烹調時間：40分鐘

義大利麵能與馬鈴薯搭配嗎？答案是可以的。只要再加入四季豆和青醬，就是一道義大利西北部的傳統美食。這道菜熱熱的好吃，當涼拌菜也美味，所以很適合野餐或家常菜聚會。

225公克新馬鈴薯（洗淨剖半）

粗鹽和現磨黑胡椒（適量）

225公克義大利螺旋麵或其他短義大利麵

225公克四季豆（去頭尾，切半）

120公克青醬（自家製或現成皆可，請看本頁下方附加說明）

帕馬森乾酪絲（適量，上桌前使用）

取一個湯鍋，放入馬鈴薯並加水蓋過馬鈴薯5公分，以大火煮至沸騰。放入15公克的鹽和義大利麵，再次煮至沸騰並在滾水裡多煮2分鐘。

加入四季豆煮至沸騰，依包裝指示煮6分鐘，煮到青菜和義大利麵都變軟之後，取出瀝乾。

均勻混合青醬、義大利麵和馬鈴薯。以鹽和黑胡椒調味，撒乾酪絲。熱食或涼菜都適宜。

製作青醬

現成的青醬雖好，但在家自己做青醬其實更好也很簡單。將120公克的松子或核桃、960公克的新鮮羅勒葉、120公克的帕馬森乾酪、1瓣大蒜、鹽和黑胡椒一起放入食物處理器攪碎均勻。一邊打碎，一邊倒入120毫升的橄欖油，直到食材變成滑順狀。（此分量可以做成300公克的青醬）

韓式泡菜豆腐燉雞

Kimchi Stew with Chicken and Tofu

6～8人份 | 準備時間：20分鐘 | 總烹調時間：45分鐘

這道菜的食材看似不尋常，但結合在一起，卻能巧妙融合成美味均衡的料理。基本材料是以發酵白菜和韓式辣椒製成的韓式泡菜。

900毫升低鈉雞湯

600毫升水

2隻帶骨雞腿

15公克切碎的大蒜

10公克切碎的薑

5公克切碎的鯷魚片

1公克粗鹽

2罐各450公克韓式泡菜（瀝乾，留下120毫升泡菜汁）

450公克嫩豆腐

3枝青蔥（切除深綠色部分，斜切成蔥花）

將高湯、水、雞肉、大蒜、薑、鯷魚和鹽，放入一個湯鍋中，以大火煮至沸騰後，轉小火煮15分鐘，直到雞肉熟成。

撈出雞肉放在盤中。保留鍋內的湯汁。雞肉放涼後去骨，並把肉切成一口大小。

把切好的雞肉、泡菜和泡菜汁，倒入已沸騰過的高湯鍋中，以小火燉煮。輕輕將嫩豆腐放入鍋中，小心不要弄碎。輕搖鍋子，使豆腐浸入湯中，以小火煮3～5分鐘至沸騰，直到豆腐均勻受熱。撒上蔥花即可上桌。

關於發酵食品

雖然「發酵食物」聽起來不是很誘人。不過，優格和德國酸菜（註）都是著名的發酵美食。發酵食品含有「益生菌」，可以幫助消化，並且強化人體免疫系統。

註：德國酸菜（sauerkraut），德國傳統美食，以鹽巴醃製白菜而成，常搭配香腸、豬腳一起食用。

青醬燉鷹嘴豆
Chickpea Stew with Pesto

4人份 | 準備時間：25分鐘 | 總烹調時間：25分鐘

這道營養的燉菜，有個可以使湯汁變濃稠的秘密食材：那就是「擺到又乾又硬的麵包」。另一個不那麼秘密的食材，就是青醬。將青醬拌入燉菜中，可以增加鮮麗的色澤，也能讓料理的味道更跳、更突出。

30毫升特級初榨橄欖油
1顆甜洋蔥，如維達麗雅洋蔥（註）（切絲）
4根芹菜（切碎）
粗鹽和現磨黑胡椒（適量）
5片奧勒岡葉
45公克番茄糊

1440毫升蔬菜湯
2罐鷹嘴豆（各430公克，洗淨瀝乾）
3大片擺到又乾又硬的鄉村麵包（去麵包外皮，撕成小塊）
60公克青醬（市售或自家製皆可，請參第221頁青醬食譜，上桌前使用）

取一個長柄燉鍋，以中大火熱油。加入洋蔥和芹菜，以鹽和黑胡椒調味。拌炒10分鐘，直到蔬菜略帶焦黃後，加入奧勒岡葉和番茄糊，邊炒香邊攪拌約1分鐘。

倒入高湯以大火煮至沸騰。轉小火繼續煮5分鐘，直到洋蔥變軟。加入鷹嘴豆和麵包，小火燉煮6～8分鐘，直到湯汁變稠，再以鹽和黑胡椒調味。平均分成4碗並分別拌入預先備妥的青醬，即可上桌享用。

註：維達麗雅洋蔥（Vidalia），原產於美國喬治亞州的維達麗雅市。由於洋蔥中的硫成分偏低，因此擁有特別的甜味。

玉米蝦仁切達濃湯
Corn and Shrimp Chowder

4人份 | 準備時間：25分鐘 | 總烹調時間：40分鐘

盛產的甜玉米、煙燻培根和鮮嫩蝦仁在滑順的濃湯裡相遇，為空氣中已有一絲秋意的晚夏，帶來完美的美食新選擇！

4片培根（切成1.2公分薄片）

8枝青蔥（分開蔥白和蔥綠，斜切成蔥花）

2個中型馬鈴薯（削皮切成1.2公分厚片）

30公克中筋麵粉

720毫升牛奶

5公克老海灣海鮮調味粉（註1）

2.5公克乾燥百里香

480毫升水

6根玉米（取玉米粒）

450公克大蝦（去殼去腸泥）

粗鹽和現磨黑胡椒（適量）

牡蠣餅乾（註2）（非必要）

在湯鍋中以中大火爆香培根約4～6分鐘，直到培根變脆、變焦黃。以漏杓取出培根，放在廚房紙巾上吸取過多油脂。

將蔥白和馬鈴薯放入鍋中，拌炒1～3分鐘，直到蔥變軟。加入麵粉，邊煮邊攪散約1分鐘。倒入牛奶、海鮮調味粉、百里香和水。以大火煮至沸騰後轉小火繼續烹煮10～12分鐘，中間偶爾攪拌一下，直到馬鈴薯變軟。加入玉米、蝦仁和蔥綠。烹煮2～3分鐘，至蝦子變成不透明。以鹽和黑胡椒調味。撒上培根和牡蠣餅乾即可享用。

註1：老海灣海鮮調味粉（Old Bay Seafood Seasoning），常用於海鮮料理的美國知名綜合調味料。混合了辣椒粉、胡椒粉、荳蔻、芹菜籽、芥末粉、月桂葉、薑粉與紅椒粉等10多種香料。香、辣、鹹的調味料能襯托出海鮮的彈牙鮮甜，使其獨享盛名。

註2：牡蠣餅乾（oyster crackers）一種含鹽奶油製作的小圓餅。製成原料內並無牡蠣，據傳是因為通常與海鮮料理，如蛤蜊濃湯一起食用，因而命名。

如何取下玉米粒

將玉米垂直放在一個淺碗裡，用湯匙將玉米粒挖下來。利用淺碗的原因在於，當玉米粒飛出來時你可以馬上抓住。注意挖玉米粒時，除了取整粒玉米，還要接住取挖時流下的玉米汁。

日式味噌蕎麥麵
Miso Soup with Soba Noodles

4人份 ｜ 準備時間：25分鐘 ｜ 總烹調時間：25分鐘

利用味噌，可以做出滋味豐富的美妙湯品。我選用的白味噌，味道比深色味噌要淡。再加上蕎麥麵和豆腐就可以讓味噌湯變成一道完整的餐點！

960毫升低鈉蔬菜高湯或雞湯

720毫升水

225公克日式蕎麥麵

2根胡蘿蔔（切成火柴條狀）

225公克菠菜（去硬梗切成2.5公分長度）

170公克板豆腐或特硬豆腐（註）

45公克白味噌

2條青蔥（斜切成2.5公分蔥段）

在中型的湯鍋中加入480毫升的水，以大火煮至沸騰。轉中小火放入蕎麥麵3分鐘後，再加入胡蘿蔔再煮2分鐘，直到胡蘿蔔外脆內軟。

加入菠菜與豆腐，在鍋中攪拌30秒，直到菠菜變軟，整個豆腐均勻受熱。

同時，把味噌放在碗中，舀一杯鍋裡的熱湯放在碗裡，約花2分鐘溶化味噌。把被溶化的味噌湯倒入鍋中，和鍋裡的食材均勻混合。注意一旦加入味噌後，就要避免再次大火沸騰。最後撒上蔥花就完成了！

味噌的煮法
因為味噌的味道和其中的健康成分會因沸騰而受影響。請留到最後一個步驟再加味噌。

註：特硬豆腐（extra-firm tofu），在製作過程中多加了一個壓水的步驟，讓豆腐變得較硬、含水量較少。適合久煮、油炸或大火快炒。

花菜起司扁豆湯

Lentil Soup with Cauliflower and Cheese

4人份 | 準備時間：15分鐘 | 總烹調時間：1小時

如果你平常就愛扁豆湯，那麼這道湯品會讓你跌破眼鏡從此著迷！這道經典料理，加上花椰菜和一層烤到金黃酥脆的起司，會更加美味哦！

30毫升特級初榨橄欖油

1顆小型洋蔥（切碎）

1條芹菜（切碎）

1顆中型胡蘿蔔（切碎）

3枝百里香（多備些擺盤用）

粗鹽和現磨黑胡椒（適量）

240公克褐色扁豆（挑出爛豆或殘渣洗淨瀝乾）

960毫升低鈉雞湯

半顆花椰菜（去菜梗切成小花朵的樣子）

240公克格呂耶爾起司絲（或85公克帕馬森乳酪絲）

取一個長柄燉鍋以中大火熱油。加入洋蔥、芹菜、胡蘿蔔和百里香拌炒，以鹽和黑胡椒調味。烹煮8分鐘到蔬菜變軟，中間偶爾攪拌。加入扁豆和高湯，以大火煮至沸騰。轉小火後蓋上鍋蓋，繼續煮30分鐘，直到扁豆變軟。拌入花椰菜後，調到中大火煮滾3分鐘，至菜花脆軟。取出百里香，以鹽和黑胡椒調味。

使用烤箱的「燒烤功能」。把烤盤放在離熱源約15公分的烤架上。將湯分成4等份，裝入適用烤箱的瓷碗或湯碗中。均勻撒上起司絲，送入烤箱熱烤3～4分鐘，直到起司烤到金黃酥脆且冒泡。最後撒上百里香即可食用。

印度番茄豆湯
Bean and Tomato Soup

4～6人份 | 準備時間：20分鐘 | 總烹調時間：40分鐘

這道香氣四溢的湯品，靈感來自於印度料理拉吉馬：一道北印度的腰豆（註1）咖哩。加入烘烤過的香料、新鮮辣椒和新鮮薑絲，就成了一道口味豐富又誘人的料理。

15毫升紅花籽油（註2）

360公克切碎洋蔥

30公克切碎大蒜

30公克薑絲

1或2條綠色泰國辣椒（註3）、墨西哥辣椒或其他種生辣椒（切碎，並留下一些上桌前使用）

5公克小茴香

5公克香菜粉

1公克肉桂粉

1公克薑黃粉（註4）

2罐各430公克腰豆或斑豆（註5）（洗淨瀝乾）

1罐420公克的番茄丁罐頭（保留番茄汁）

360毫升水

粗鹽（適量）

原味優格、芫荽枝和皮塔餅脆片（註6）

（適量，上桌前用）

取一個中型長柄燉鍋，以中火熱油。加入洋蔥和大蒜爆香8分鐘，中間拌炒一下直到洋蔥變軟略帶焦黃。加入薑絲、生辣椒、小茴香、香菜、肉桂和薑黃，邊煮邊攪拌約2分鐘，把食材炒香。

拌入腰豆、番茄和水。以鹽調味。利用大火煮至沸騰後，轉小火烹煮10分鐘，直到湯汁變濃稠。取出三分之一的腰豆放在碗中，用手持電動攪拌器或是馬鈴薯絞碎機把腰豆打成粗粒狀，再倒入鍋中與湯汁攪勻。把湯均分成4～6碗，分別加上優格、新鮮芫荽和生辣椒，佐以皮塔餅脆片享用。

註1：腰豆（kidney beans），又名腎豆，因其形狀而得其名。含有豐富的蛋白質與纖維。
註2：紅花籽油（safflower oil），從紅花乾燥成熟的果實所提煉的植物油。具高營養價值。
註3：泰國辣椒（Thai Chiles），也叫做鳥眼辣椒，是世界上最辣的辣椒之一，常用來作為咖哩香料之一。
註4：薑黃粉（tumeric），以薑黃磨成的粉。原產於印度，味苦而辛略帶土味。是咖哩的主要香料之一。
註5：斑豆（pinto beans），澱粉質高、鬆軟，通常是米飯料理的配菜。
註6：皮塔餅脆片（pita chips），廣泛流行於希臘、土耳其與阿拉伯半島的一種圓形口袋狀麵食。

香桃奶酥
P244

甜點
Dessert

主菜的作法若如本書食譜一樣簡單不費力，你當然可以花時間製作一道費工夫的甜點，來為一餐劃下句點。不過，何不來點「零麻煩又美味」的甜點呢？本書為各位準備的甜點，每一道都不需要花費很多時間或精力，卻都能作為一餐完美的句點！

香桃奶酥 Peach Crumble

8人份　準備時間：15分鐘　總烹調時間：1小時20分鐘

將「簡單」和「甜點」結合在一起，很可能腦中立刻浮現的就「奶酥」這類甜點。
隨著季節更迭，你可以選擇當令水果來做變化，而桃子是大家一致認同的美味！

900公克桃子（切成1.2公分的薄片）

60公克砂糖

20公克玉米粉

15毫升新鮮檸檬汁

5公克粗鹽

90公克無鹽奶油（回溫至室溫）

60公克黃糖

240公克中筋麵粉

預熱烤箱到190度。在20公分的方型烘焙烤盤上，放上桃子、砂糖、玉米粉、檸檬汁和2.5公克的鹽。在碗中混合黃糖與奶油，拌入麵粉與剩下的2.5公克鹽巴。拌勻碗中食材成粗粒麵糰，均勻鋪上烤盤。放入烤箱烘烤40～50分鐘，直到中央滾動冒泡。取出烤箱，鬆鬆地蓋上鋁箔紙，再送回烤箱繼續烤30分鐘。時間到再取出冷卻20分鐘，即可享用。

鄉村風蘋果塔 Rustic Apple Tart

6人份　準備時間：20分鐘　總烹調時間：1小時

若冷凍庫有千層派皮，又在廚房流理台上看到蘋果。那麼，今晚甜點毫無疑問就是
蘋果塔了！把派皮攤平，放上水果後送進烤箱，只需等待烘焙和冷卻時間即可！

中筋麵粉（灑在工作台上避免派皮沾黏用）

3顆青蘋果

80公克糖

1大顆蛋黃

20毫升水

30公克無鹽奶油

30公克蘋果醬或杏桃醬

1張冷凍派皮（標準包裝為485公克，解凍備用）

預熱烤箱到190度。薄薄撒一層麵粉在工作台上，將派皮攤開為長35公分寬20公分的方形。用刀子去掉邊角以符合烤盤大小。將派皮放上烘焙淺盤後整個放入冷凍庫。蘋果削皮、去核，切成0.6公分薄片，加入糖攪拌製成果醬。
在碗中打散蛋黃並加入5毫升的水。用蛋液刷一刷派皮，再用一把銳利的削皮刀，沿著離派皮邊2公分處，畫出一個較小的方形區域（目的是創造一個放蘋果的地方，並且預留2公分派皮邊緣才可以烤得膨鬆酥脆）。切記刀子要輕畫，不要切穿派皮。把蘋果鋪在預留的方形區域裡。奶油切成小塊，均勻鋪在蘋果上。送入烤箱烘烤30～35分鐘，直到派皮變成金黃色，蘋果烤軟。
在果醬中加入15毫升的水，加熱融化，再將果醬水刷在蘋果上。冷卻15分鐘。熱熱吃或放涼食用皆可。

鄉村風蘋果塔

煎鍋巧克力脆片餅

杏仁奶酥大餅乾

煎鍋巧克力脆片餅乾
Skillet Chocolate-Chip Cookie

8人份　準備時間：10分鐘　總烹調時間：30分鐘

每個人都愛自家烘焙的巧克力脆片餅乾。這個天才食譜可以讓料理的人更加省事，不需切割麵糰，或因為要分批烘焙餅乾而需等烤盤冷卻。

90公克無鹽奶油（回溫至室溫）

80公克黑糖

120公克砂糖

1顆大雞蛋

5公克香草精

240公克中筋麵粉

2.5公克泡打粉

2.5公克粗鹽

240公克半甜巧克力脆片

預熱烤箱到190度。在碗中均勻攪拌奶油和糖，直到變成滑順狀後拌入雞蛋和香草精，再加入麵粉、泡打粉和鹽。放入巧克力脆片。攪拌均勻後把所有食材倒入可放進烤箱的直徑25公分煎鍋（最好是鑄鐵鍋），整勻麵糰表面。

送進烤箱烘烤18～20分鐘，直到中間熟透且外表呈金黃色。在切片和享用之前，讓餅乾冷卻5分鐘。

杏仁奶酥大餅乾
Giant Almond Crumble Cookie

8人份　準備時間：15分鐘　總烹調時間：50分鐘

還有比烤一個巨大餅乾更好玩的事嗎？放在桌子正中央，鼓勵每個人剝下一片或兩片。這個酥脆帶著堅果香的甜點，在義大利稱為蛋糕酥（torta sabrisolona）。

210公克無鹽奶油（回溫至室溫，多備些平底鍋使用）

420公克中筋麵粉

140公克白色杏仁（磨成粉狀）

180公克糖

1公克粗鹽

7.5毫升香草精

預熱烤箱到190度。將奶油刷在彈性邊框活動模上。均勻混合麵粉、杏仁粉、糖、鹽和香草精後，加入奶油，以奶油切刀（註）攪拌均勻。將混合均勻的食材壓平，形成一個1.5～2.5公分厚的餅狀。

將麵糰放入準備好的鍋中，輕壓使其占七分滿，均勻撒上剩下的碎麵粉。送入烤箱烘烤25分鐘，直到酥餅呈現金黃色。調低烤箱溫度到150度，再繼續烤10分鐘，略帶焦黃後再取出烤箱，冷卻5分鐘後享用。

註：奶油切刀（pastry blender），也叫作切油器。可以避免手的溫度融化奶油，更快速混合奶油與麵粉。也可以用叉子代替。

覆盆子雪酪
Raspberry Sorbet

8人份　準備時間：10分鐘　總烹調時間：40分鐘

冷凍覆盆子、糖、水，這三種食材能創造出無法想像的美味！這道非常簡單、無脂又沁涼的甜點，只要用食物處理器就可以包辦大部分的工作！

120公克糖
120毫升水
340公克冷凍覆盆子

混合糖和水。用食物處理器的間歇運轉鍵，將覆盆子攪拌成粗粒狀。接著倒入糖水，繼續攪拌，直到整個食材變成滑柔狀後，移到長方形烤盤上（約11.5公分乘以22公分大小）。蓋上保鮮膜，送進冷凍庫30分鐘，若使用的是密封保鮮盒，則可在冷凍庫保存2星期之久。

手作咖啡冰淇淋
No-Churn Coffee Chocolate-Chip Ice Cream

12人份　準備時間：10分鐘　總烹調時間：10分鐘（另需冷凍時間）

不用製冰機就可以做出冰淇淋？這絕非不可能。我的秘密食材是煉乳。用它製作的冰淇淋簡直舉世無雙。如果可能的話，食用前一天製作會更美味！

15毫升香草精
30公克即溶義式濃縮咖啡粉
180毫升甜煉乳
480毫升脂肪含量較高的鮮奶油
85公克半甜巧克力（切碎塊）
鹽少許

在大碗中混合香草精和義式濃縮咖啡粉，攪拌到咖啡粉溶解。拌入煉乳及1公克的鹽。
利用電動攪拌器的高速攪拌功能攪拌3分鐘，直到鮮奶油變奶泡。放入巧克力片，將食材轉移到長方形烤盤（約22公分乘以11.5公分）。用保鮮膜蓋緊至少冰凍12小時，直到整個食材呈硬塊狀。食用前取出，在室溫中放置10分鐘。（若密封保存，冰淇淋可保存2星期）

覆盆子雪酪

手作咖啡冰淇淋

249

巧克力慕斯

熔岩巧克力杯子蛋糕

巧克力慕斯
Blender Chocolate Mousse

4人份　準備時間：20分鐘　總烹調時間：20分鐘（外加冷藏時間）

把攪拌器拿出來！把湯匙也拿出來！這道令人垂涎的甜點，只需按一個鍵就可完成！搭配打發的鮮奶油、堅果片、薄荷，或你想加的任何食材！

300公克半甜巧克力脆片

45公克糖

1小撮細鹽

160毫升全脂牛奶

3大顆蛋白

120毫升鮮奶油

用攪拌器混合巧克力片、糖和鹽巴。取用一個長柄燉鍋以小火煮滾牛奶，再倒入攪拌器裡。先放置1分鐘，接著按高速攪拌鍵把食材打到滑順。放入蛋白高速打1分鐘。準備4個各170公克的甜點杯，把打好的慕斯均勻分裝在碗裡，再冷藏6小時到一整夜。

食用前，用攪拌器將鮮奶油打成綿密泡狀，然後在每個慕斯杯上加一小球鮮奶油泡享用。

熔岩巧克力杯子蛋糕
Molten Chocolate Cupcakes

8人份　準備時間：10分鐘　總烹調時間：35分鐘

我們都愛杯子蛋糕，卻不見得有時間烘烤和裝飾。但這個食譜只需10分鐘就能熱騰騰上桌。撒上美麗的糖霜，有誰能不愛？

90公克無鹽奶油（回溫至室溫）

120公克砂糖

4大顆蛋

120公克中筋麵粉

1小撮粗鹽

310公克半甜巧克力（事先融化）

糖霜（適量，裝飾擺盤用）

預熱烤箱到200度。準備瑪芬蛋糕用的「烘焙用紙杯」。利用電動攪拌器以中高速混合奶油和糖，約需2分鐘，直到食材變得輕盈膨鬆。一顆顆分批加入雞蛋、打勻。加入麵粉和鹽，以低速攪拌，最後再放入巧克力打勻。

將麵糰均勻分在8個紙杯中，每個紙杯約裝七分滿。放入烤箱烘烤10～11分鐘，烤到表面不那麼油亮。取出蛋糕冷卻10分鐘，從紙杯抽出，撒上糖霜即可上桌。

黑莓卡士達 Baked Blackberry Custard

6人份　準備時間：10分鐘　總烹調時間：35分鐘

這道甜點的靈感來自聽起來很夢幻的法式布丁「克拉芙提（註）」。只要利用攪拌器混合卡士達醬鋪在水果上，然後送進烤箱烘焙。搭配當季水果，這道菜一定可以成為你的拿手好菜之一！

1公克粗鹽

3大顆蛋

60公克無鹽奶油（事先融化）

180毫升全脂牛奶

120公克中筋麵粉

2.5毫升香草精

480公克黑莓

135公克糖

預熱烤箱到200度。利用攪拌器混合牛奶、雞蛋、120公克的糖、麵粉、鹽和香草精。加入融化的奶油。攪拌食材30秒，直到呈滑順狀。在烤盤或派盤底層鋪上一層黑莓，然後把利用攪拌器均勻混合的麵糊倒在黑莓上。剩下的15公克糖撒在最上面。送進烤箱烘烤20～25分鐘，直到卡士達稍微膨脹，且中間開始成形變硬，趁熱上桌享用。

註：克拉芙提（Clafouti），從19世紀流傳至今，是法國家常甜點，口感偏向硬布丁。原產地法國利慕贊地區最常使用黑櫻桃。也可用蘋果或是其他微酸水果取代，更特別的是也有人用梅子做。

煎鍋水果蛋糕 Fruit Skillet Cake

6人份　準備時間：15分鐘　總烹調時間：1小時

這道麵糊蛋糕可以搭配任何「帶核的水果」，如桃子、李子、甚至櫻桃。秋天的話搭配蘋果或梨子，春天則搭配莓類水果。

60公克無鹽奶油（回溫至室溫，多備些做他用）

120公克中筋麵粉（多備些做他用）

2.5公克泡打粉

1公克小蘇打粉

2.5公克粗鹽

210公克糖

1大顆蛋

1/2杯酪乳

2顆熟成中型李子（切片）

預熱烤箱到190度。在直徑20公分大小的煎鍋（最好是鑄鐵鍋）鍋面均勻塗上奶油，並薄薄撒上麵粉。均勻混合麵粉、泡打粉、小蘇打粉和鹽。利用攪拌器以中速將奶油和180公克的糖攪拌3～5分鐘，直到呈白色蓬鬆狀，再加入蛋、分批倒入麵糊。也就是倒入一批麵糊後，接著倒入酪乳，接著輪流加入麵糊和酪乳，打勻。

把麵糊移到事先備好的煎鍋，整平麵糊表面。鋪上李子排成扇形。撒上其餘的30公克糖。送入烤箱烘烤35～40分鐘，直到外皮呈金黃色，用牙籤插入蛋糕中心點，拔出時沒有沾黏就表示完全烤熟。把蛋糕移到架子上，稍事冷卻即可享用。

黑莓卡士達

煎鍋水果蛋糕

感謝 Acknowledgments

這本書代表了許多人的創意，他們不僅是才華洋溢的食譜發明家、編輯和藝術指導，同時也是熱情的家庭廚師。感謝特約編輯莎拉凱瑞（Sarah Carey）監督整本書的創作內容，也感謝「瑪莎史都華生活媒體美食團隊」的貢獻，不管是過去由露欣達史卡拉昆恩（Lucinda Scala Quinn）帶領的舊團隊，還是現在由珍妮佛阿朗森（Jennifer Aaronson）領導的新工作人員。

感謝編輯部主任艾倫莫里希（Ellen Morrissey）的創意和領導，與編輯群艾咪康維（Amy Conway）、艾芙琳巴塔格利亞（Evelyn Battaglia）和蘇珊魯波（Susan Ruppert）策劃完成這本很棒的食譜書，使它變成美食界不可缺少的一部著作。藝術指導副主任吉莉恩馬克里歐（Gillan Macleod）在設計主任珍妮佛華格納（Jennifer Wagner）的指導下，為本書創造出簡單又優雅的設計，以及縱貫全書的美麗插圖。莎曼珊賽內維蘭（Samantha Senveritantne）與潔西達馬克（Jessie Damuck）也將其才華帶入本書中。伊莉莎白艾金（Elisabeth Eakin）、約翰梅爾斯（John Myers）、丹妮絲克拉琶（Denise Clappi）、艾莉森凡內克德文（Alison Vanek Devine）、琦歐咪馬許（Kiyomi Marsh）與萊恩莫納漢（Ryan Monaghan），亦為本書提供了重要的協助。凱蒂郝德菲（Katie Holdefehr）也在整個過程，熱心地支持著團隊。而內容總編輯艾瑞克派克（Eric Pike）的意見也十分珍貴。此外還要謝謝梅格拉普（Meg Lappe）、約瑟法帕拉西歐（Josefa Palacio）、葛楚德波特（Gertrude Porter）、克絲汀羅傑斯（Kirsten Rodgers）及艾琳魯斯（Erin Rouse）。

攝影師克里絲提娜荷姆斯（Christina Holmes）為本書拍攝了大多數的照片。除此之外，也有許多其他特約攝影師的作品。道具師梅根荷德培（Megan Hedgpeth）、潘摩里斯（Pam Morris）與美術主任詹姆斯丹林森（James Dunlinson）也將他們細膩的敏感度呈現在書中。

瑪莎史都華生活媒體商品行銷部門的同事，則為梅西百貨的「瑪莎史都華廚具精品」展示書中許多鍋子和其他廚房用具。

我們很驕傲地與長期合作的克拉森波特出版社，特別是發行人潘克勞斯（Pam Kruass）、副發行人朵莉絲庫柏（Doris Cooper）、資深編輯艾蜜莉塔庫斯（Emily Takoudes）、創意主任瑪莉莎拉昆恩（Marysarah Quinn）、美術主任珍車哈夫特（Jane Treuhaft）、製作主任琳妮亞諾爾姆勒（Linnea Knollmueller）、製作編輯主任馬克麥考克斯林（Mark McCauslin）以及副主編潔西卡傅里曼斯雷德（Jessica Freeman-Slade）攜手獻出這本作品。最後，特別感謝前編輯安潔琳伯爾西斯（Angelin Borsics）為本書打下的基礎。

攝影PHOTO CREDITS

Sang An: p28

William Brinson: p125, 129

Christina Holmes: p2-5,14-19,21,23,27, 34-35, 45, 46, 53, 60-61, 63, 77, 70-71, 97, 106-107, 109, 111, 112,119, 122-123, 126, 132-133, 135,137, 149, 152-155, 157, 161, 165,169, 176-177, 179, 182, 185, 186,190-191, 193, 194, 198, 200-201,203, 205, 206, 209, 210, 213, 217,221, 224-225, 235, 242-243, 245,246, 249, 250, 253, 256

John Kernick: p38, 102, 141

Yunhee Kim: p116

Ryan Liebe: p162, 170

Jonathan Lovekin: p84, 174

Gillian MacLeod:全書頁眉、p33, 79, 121,151, 189, 223繪圖

David Malosh: p50, 98, 138,227, 239

Johnny Miller: p31, 37,42, 54, 73, 91, 94-95, 105, 115, 130,146, 158, 173, 231

Marcus Nilsson: p49, 66, 142

Con Poulos: p41, 69, 214, 218

David Prince: p65

Andrew Purcell: p57, 74, 83, 87, 101, 145, 166, 181, 197, 218,232, 235

Hector Sanchez: p70

Anna Williams: p240

Romulo Yanes: p27, 58, 88